随园食单三字经

白常继 ◎ 编著

中国商业出版社

图书在版编目（CIP）数据

随园食单三字经／白常继编著．—北京：中国商业
出版社，2017.5

ISBN 978-7-5044-9829-8

Ⅰ.①随…　Ⅱ.①白…　Ⅲ.①烹饪–中国–清前期②食
谱–中国–清前期③中式菜肴–菜谱–清前期　Ⅳ.①TS972.117

中国版本图书馆 CIP 数据核字（2017）第 078916 号

责任编辑：刘毕林

中国商业出版社出版发行

010-63180647　www.c-cbook.com

（100053　北京广安门内报国寺 1 号）

新 华 书 店 经 销

北京明月印务有限责任公司印刷

＊　　＊　　＊

700×1000 毫米　16 开　19.5 印张　彩插 1 印张　260 千字

2017 年 5 月第 1 版　2017 年 5 月第 1 次印刷

定价：58.00 元

＊　　＊　　＊　　＊

（如有印装质量问题可更换）

《随园食单三字经》编委会

策划： 姜爱军

书名： 王文桥

题词： 姜俊贤　姜　昆　周秀来　韩进水

序一： 张文彦　　　　　　　　**序二：** 倪兆利

赋： 冯建华　　　　　　　　　**跋：** 高文麒

指导： 冯建华　周秀来

编委： 张文彦　张铁元　曾凤茹　周秀来　王洪彬　冯怀申　董晓辉　张丽华
　　　　孙大力　杨志智　王志强　苏喜斌　霍玉苗　陈吉春　满运军　甄华明
　　　　程　山　栗石毅　苏　晨　郭爱明　王自勤　朱振亚　许天铭　刘光勇
　　　　朱玉旺　于宗贵　任海涛　张　朋　鲍玉学　赵海涛　乔　熙　李　建
　　　　李　鹏　杨洪伟　孙　鹏　刘　志　何　强　陈卫里　王建秋　胡绪良
　　　　张永清　陈　钢　祝　健　张国勇　刘　哲　张力杨　殷大军　陈金明
　　　　杨华星　郑　皓　许　斌　胥子堃　路英杰　时　涛　韩思国　朱　蕾

支持单位：

随园食单研究会　　　　　　　　　北京电视台《健康无双》栏目组

中国烹饪协会　　　　　　　　　　中央人民广播电台中国交通广播

中国食养研究院随园食单研究中心　《月吃越美》节目

金陵五季随园　　　　　　　　　　优酷·味觉江湖

国际饮食养生研究会　　　　　　　北京南北一家餐饮有限公司

《中国烹饪》杂志社　　　　　　　白常继《随园菜》工作室

《中华美食药膳》杂志社　　　　　北京居然之家餐厨酒店用品 MALL

北京顺来福酒店管理集团

随园食单三字经

姜昆

著名相声表演艺术家姜昆先生题词

随园食单

三字经

姜俊贤

中国烹饪协会姜俊贤会长题词

清代大文学家大诗人美食家袁枚先生像

亦莊亦諧

賀白常德大師隨園食譜

三字經出版 青圃周秀來書

著名书法家周秀来先生题词一

讀清代才子袁枚名著

品康乾盛世隨園佳肴

秦牧先生聯 時在丁酉仲夏季辭 進水書

著名书法家韩进水先生题词

随园官府菜制作技艺

区级非物质文化遗产

北京市东城区人民政府公布
北京市东城区文化委员会颁发
2013年7月

随园食单研究会
SUI YUAN SHI DAN YAN JIU HUI

中国食养研究院

随园食单研究中心
CHINA GOURMET & REGIMEN INSTITUTE

白常继随园菜工作室

顺来福

北京顺来福酒店管理集团

北京顺来福酒店管理集团有限公司

二零一零年十二月十六日

荣誉证书

授予：白常继

2014年度中国烹饪技艺非物质文化遗产传承人

中国绿色食品（北京）展销中心　中国饮食文化发展促进会　中国餐饮连锁企业家协会　中国饮食文化养生研究会

中国酒店职业经理人协会　中国餐饮人力资源管理协会　中国饮食风味小吃协会　中国饮食保健品协会

中国·北京·2015年元月31日

证书

随园官府菜制作技艺

入选东城区第四批非物质文化遗产名录

东城区人民政府

二〇一三年七月

随园食单赋

冯建华

震旦五千　馔肴丰焉　细忖翘楚　孔谭随园　剥开腠理　它叙勿言
闲说辄止　专表食单　袁枚子才　简斋自谦　仓山居士　饕界名传
祖居武林　生在临安　康熙丙申　降于尘凡　少负盛名　克勤励勉
十四乡试　俊秀魁元　三榜高中　金殿听选　乾隆欢悦　封翰林院
辟雍讲学　居国子监　七年外放　沐阳为官　潜心治政　民颂青天
推行法制　拢聚乡贤　江浦溧水　一再升迁　不负厚望　义胆忠肝
江宁重用　往来周全　尹督褒赏　才艺无前　琴棋书画　诗赋千篇
广交众友　喜游厌官　三九辞朝　乐做散仙　金陵一隅　仓山慧眼
院落衰敝　细查倪端　虽至如此　别有洞天　原府曹寅　本乃大观
后归织造　取名隋园　权奸遭报　斋荒屋闲　三百纹银　得称心愿
翻修重饰　历经数年　景为廿四　斗拱飞檐　游廊透转　阁宇湖山
花草清寂　顺遂陶然　袁枚笑曰　官易此院　逍遥行乐　是为随园
时逢盛世　坐拥康乾　南袁北纪　二位高贤　草堂烟袋　子才随园
纪修四库　袁撰食单　四千辞赋　仓集诗选　素喜饕餮　精于肴膳
效学牙尹　南北满汉　亲下庖厨　技绝非凡　袁枚百手　说菜教演
广集大成　明珠一般　烹饪之法　调和为善　简斋度忖　不敢怠慢
每遇佳肴　欣喜万般　必劳家厨　绝艺承传　虚心讨教　礼敬卑谦
博学强记　叩请垂范　乐此不疲　四十余年　广征集众　名篇收全
厨界餐饮　色彩斑斓　历数千载　凝结血汗　流派纷呈　前辈经验

仓山梳理　永为至典　各式佳肴　千锤百炼　述尽三百　成就食单
内分两类　理论实践　包罗万象　影响非凡　开篇须知　而后戒单
规矩礼法　牢记心间　详述特性　江海二鲜　水族区分　有无鳞单
牛羊归属　杂牲细观　羽族及素　各表一篇　小菜登场　点心粥饭
茶酒蹲底　记录完全　山珍野趣　粗细繁简　本真至味　谨遵久远
敲虾如纸　红煨鱼鳗　干蒸鸭子　蟹羹极鲜　御吏鸡汤　外加蛋卵
斑鱼二吃　萝卜汤圆　蜜汁火腿　鸡粥鳗面　工艺考究　溜炒烹煎
芋煨白菜　假乳甘甜　以素托荤　气象万千　斗转星移　隐而不见
秘藏深阁　二百余年　君若有疑　详窥食单　人为延命　不过三餐
糕饼粥茶　一菜一饭　能得滋味　实不简单　一世长者　知居冷暖
三辈为吏　明了吃穿　彼蔬斯稗　凡伯一般　得其政者　笾豆有践
鼎烹火煮　意会心传　盐梅调味　自悟无言　甚饱过饥　至味难辨
进髻离肺　尚有法焉　乾隆五七　食单出版　风行于世　广为流传
嘉庆初政　天不假年　八十有二　羽化成仙　百步坡葬　仓山北边
皇封诰授　奉政灵前　简斋不舍　魂守随园　众皆悲泣　对空长叹
太平天国　大恶无边　馨竹难书　捣毁名园　更有文革　天怒人怨
袁枚荒塚　亦难幸免　荡平墓地　改建球馆　从此宗师　骸骨无全
二零一六　终为遗产　恰逢简斋　三百寿诞　各方鹊起　争相纪念
焚香顶礼　告慰先贤　更喜华夷　高人出现　白公常继　伏枥钻研
廿载心血　挖掘食单　秉承前学　梅香苦寒　百余名品　随园再现
国之大幸　功不唐捐　著书立说　华山论剑　教化门徒　薪火永传

乙未仲秋吉日于　问茗精舍

白常继先生已出版部分著作

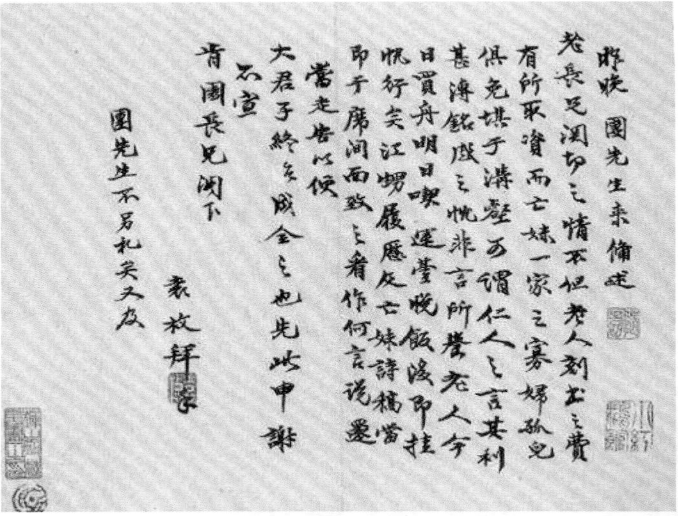

昨晚　圓先生來備述
老長兄閱卬之情不但老人刻出之費
有所取資而亡妹一家之寡婦孤兒
俱免塡于溝壑所謂仁人之言其利
甚溥銘感之忱非言所罄老人今
日買舟明日喫遲晚飯後即挂
帆行矣江甥履歷及亡妹詩稿當
即于席間面致之肴作何言說還
當走告以便
大君子終之成全之也先此申謝
不宣
青圃長兄閣下
袁枚拜
圓先生不另札矣又及

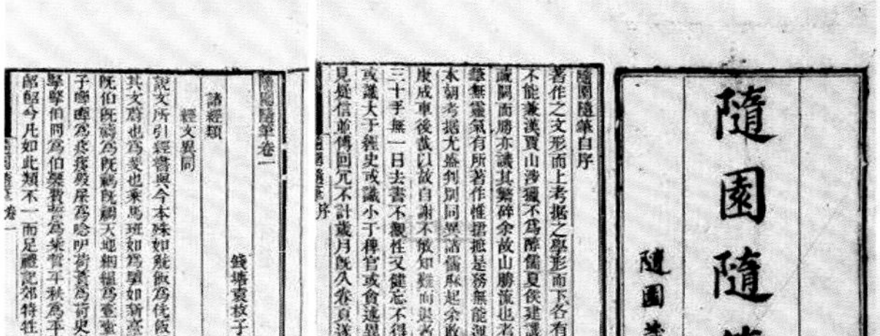

隨園隨筆

隨園藏版

隨園隨筆自序

隨園隨筆卷一

錢塘袁枚子才著

諸經類

經文異同

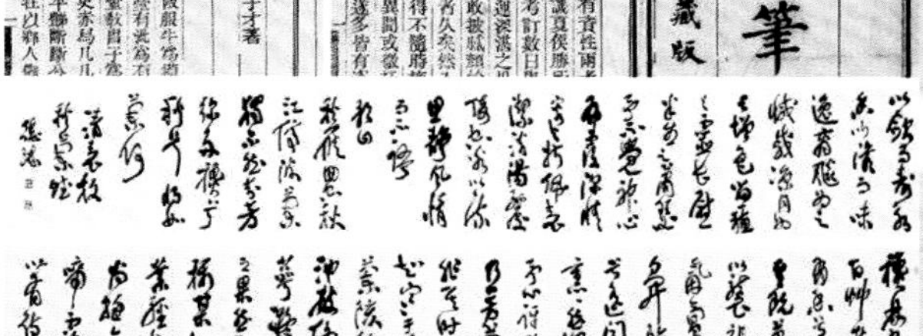

烹壇瑰寶

鞋翹楚

贊隨園

食單

周秀来题

著名书法家周秀来先生题词二

中国食养研究院随园食单研究中心（南京）

【序一】

厨师这个行业，大约起源自原始社会后期。当生产力发展到一定程度时，人们从采集、渔猎发展到种植、养殖等生产活动，食物开始出现了剩余，遂有专人从事烹调，以供祭祀或众人欢聚。

随着社会的发展，多余物资需要交换，便产生了进行贸易的人口流动，集市上也出现了专门为行旅之人服务的食肆。这样，从家庭厨务中剥离出来的专业烹调人员就此产生了，这即是现代意义上的厨师。

几千年来，随着社会的发展，物资渐趋丰富，人们的饮食要求也逐步呈现多样化，这些自然促进了烹调技法的进步。另外，中国自古就是泱泱大国，人口众多，各地出产的物品不同。为便于食用，不同地方便出现了适合当地原料特性及生活习俗的不同烹饪方法。再有，我们每人每天都要参与到复杂的饮食实践中，自然也会积累大量的宝贵知识和经验，这些知识和经验再经过文人、从业者的总结提炼，便形成了今日丰富多彩的饮食文化。

在历代记述饮食文化的著述中，《随园食单》无疑是最精炼、水平最高的一本美食杂记。这部书是袁枚先生在18世纪中叶写成，是中国古代烹饪理论与实践的集大成者。它第一次全面而系统地总结了古代中国烹饪所取得的成就，记载了乾隆时期流行于我国南北各地（以江浙为主）的三百多种菜肴点心，是一笔极为珍贵的文化遗产。近三百年来被餐厨界奉为"圣经"。

　　"随园官府菜" 制作技艺非物质文化遗产传承人白常继先生， 经过多年研究， 在掌握了《随园食单》 原著作的文化精髓后， 加以提炼，推出了《随园食单三字经》 一书。 在这本书中， 白先生以亦庄亦谐的形式， 对《随园食单》 内容， 用简短精炼、 新颖独特的"三字经" 方式进行了归纳和解读， 再现了"随园食单" 的精髓！

　　我与白常继先生是多年挚友， 他待人真诚礼让， 尊敬师长， 好学不倦。 值此新书出版之际， 谨以此序向他表达祝贺之忱。

张文彦

2017 年 3 月 10 日于北京

【序二】

"民以食为天" 是中华民族亘古不变的质朴哲学， 纵使时代更迭，中华饮食文化的烙印从未被磨灭。 伴随中华民族伟大复兴的"中国梦"，我们的饮食文化正处在蓬勃发展的时代里， 随着祖国的强大而焕发出新的生命力！

本着对《随园食单》 的浓厚兴趣， 去年的今日——恰逢袁枚先生诞辰三百周年之际， 以弘扬健康美食文化为己任的一群人， 在古都金陵，清代大文豪袁枚曾经为官和寓居的地方， 创办了随园食单研究中心， 开始了艰难曲折的随园菜挖掘和创新。 唯有一个目标， 就是将"随园菜"这一中华饮食文化瑰宝， 在新时代的大潮中， 再现其独特魅力！

追随着这本集文化和养生为一体的食单， 我们沉浸在"舌、 心、意" 一体的世界里。 随着季节更替， 我们已经形成了具有随园食单精神气质的随园冬季和春季养生食单， 以及符合市场需求的随园茶单、 随园茶道和随园经典七道素食。

"苔花如米小， 也学牡丹开。" 丁酉年杏月， 正值袁枚先生诞生三百零一年之际， 在临近随园旧址的南京市汉中路282号， 南京中医药大学老校区一隅， 优雅静谧的五季随园小院已然开门迎宾。

"春风如贵客， 一到便繁华。" 我们的潜心研究， 得到了越来越多的饕客的赞赏和鼓励！ 也带给我们自己更多的文化自信和坚持的力量！

　　作为五季随园的饮食文化顾问，白常继先生数十年如一日、孜孜不倦地研究，深谙《随园食单》之精华。此次在随园故乡金陵，与一群本土行业精英人士，一同实践、再现随园菜之魅力，并将心得形成《随园食单三字经》；字字精髓，朗朗上口，正可谓随园之精神！

　　借此新书发布之际，以为序，鼓励包括我本人在内的从业者和爱好者们，坚持饮食的健康和文化内涵，中华饮食文化才能够代代传承、生生不息！

倪兆利

2017 年 3 月 25 日于南京五季随园

【概述】

治大国 烹小鲜 说烹饪 不简单 讲茶道 陆鸿渐
论食圣 是随园 享盛誉 三百年 倾碧血 著食单
厨圣经 代代传 袁枚者 号仓山 字子才 不一般
简斋士 称随园 生康熙 五五年 丙申春 降尘凡
少聪颖 善诗篇 年十二 中魁元 誉神童 乡里间
庚戌岁 考举贤 三榜中 进士男 乾隆朝 上金殿
御题文 另眼看 受嘉赏 翰林院 讲辟庸 国子监
得外放 壬戌年 先沭阳 到江南 后溧水 挑重担
赴江浦 做知县 江宁府 父母官 办事公 更勤勉
所到处 百姓欢 逢它任 民众拦 送牲节 万民伞
朝廷悦 进升官 官运通 如日天 只可惜 难遂愿
乾隆朝 十四年 父亡故 泪不干 年三九 辞朝官
袁子才 抚美髯 仰身叹 孝母前 以一官 易随园
终不悔 谈笑间

南京城 古金陵 织造府 大有名 数曹寅 号楝亭
子曹頫 有水平 建大观 楼与亭 阆苑榭 山水瀛
曹雪芹 聪慧灵 红楼梦 宝黛情 十二钗 万古名
随园者 有细情 大观园 人口众 奢靡费 有亏空

移公款　补漏洞　被查办　尽充公　值雍正　曹家穷
此名园　赐隋公　新织造　隋称雄　园易主　改名称
依本姓　隋园名　隋赫德　亦奸佞　贪枉法　徇私情
抄满门　判重刑　名园废　荒草盈

袁子才　知江宁　三百两　买下来　随心愿　理应该
叫随园　清凉脉　小仓山　真不赖　南北高　中间矮
分两岭　护家宅　蜿蜒奇　有气派　清池水　莲荷开
依山势　顺龙脉　驰屋室　随其高　置江楼　任逍遥
篆溪亭　架木桥　随湍流　更巧娇　栽丹桂　有奇妙
四时花　意难料　春观柳　绿荫墙　夏赏荷　满池塘
秋馥桂　荡幽香　冬寻梅　点红妆　廿四景　仓山相
小眠斋　花中藏　绿晓阁　不一样　水精城　固围墙
小栖霞　湖山荡　渡鹤桥　遇倩娘　回波闸　有密藏
柏树亭　不能忘　金石藏　经卷晾　欲苦读　有书仓
双湖内　舟帆荡　群玉山　梅花旺　避暑去　室清凉
观雪景　南台往　袁子才　逍遥浪　居此地　四十望
写诗词　著文章　雍乾嘉　与赵翼　三才子　无可替
南有袁　北有纪　二才子　有名气

袁子才　著食单　清乾隆　五七年　首出版　史无先
全书有　十四单　分须知　和戒单　有海鲜　江鲜单
讲猪肉　特牲单　牛羊鹿　杂牲单　鸡鸭鹅　羽族单
鱼虾蟹　水族单　有无鳞　各一单　说白了　是水产
讲素菜　杂素单　宜下饭　小菜单　点心单　收得全

来溜缝　饭粥单　最后有　茶酒单　记录下　康雍乾
南北菜　尽收全　三二六　妙无言　袁简斋　四十年
勤收集　凝血汗　铸饕餮　随园单　誉圣典　美名传
三官府　孔随谭　至美味　古今赞　皆智慧　无比肩
为后人　留遗产

乾隆朝　五七年　随园单　始出版　越五载　真遗憾
袁子才　驾鹤返　旷世才　空悲怨　八十二　寿享年
百步坡　葬随园　人虽逝　英名传　三百载　不间断
庖厨奉　圣经典　现如今　别样般　随园菜　两派延
南为薛　似高山　北有白　难比肩　南薛逝　北白现
白常继　著白话　写随园　丁酉年　为普及　随园单
将原著　繁化简　作儿歌　三字经　敬先贤　庖厨者
勇实践　大道行　勤励勉　传徒者　授徒艺　德为先
知行合　密藏参　深领悟　心淡然　明须知　晓戒单
除积弊　树新念　传统技　须发展　要传承　祖遗产
历风雨　忍磨难　终不悔　初心愿　劝君学　随园单
同光大　饕餮宴　播九洲　四海传　方不负　袁仓山

【目　录】

♨ 海鲜单

♨ 江鲜单

♨ 特牲单

♨ 杂牲单

♨ 羽族单

♨ 水族有鳞单

♨ 水族无鳞单

♨ 杂素单

♨ 小菜单

🍲 点心单

🍲 饭粥单

♨ 茶酒单

跋 /288

结语 /290

随园食单序

◎ 三字经

说饮食	不一般	美周公	笾豆践	恶凡伯	往下看
颇斯稗	曰鼎煎	曰盐梅	繁琐言	乡党论	实不堪
孟亚圣	乃大贤	远庖厨	雅清廉	现实中	尽穷酸
腹内饥	哪顾脸	争抢食	亦不堪	清雅论	瞎捣乱
人皆食	中庸言	知味者	极少见	古圣云	仔细观
居长者	知冷暖	三辈官	懂吃穿	古吃鱼	进脊鳍
啖牛肉	要离肺	办宴席	皆有法	要认真	不苟且
昔孔子	与人歌	人家好	必反之	然后学	再和之
孔圣师	皆如此	吾凡夫	更须做	取人长	补己短
袁子才	慕此旨	每饭饱	必吃好	有好菜	记下来
让家厨	记心怀	当弟子	学能耐	苦修学	四十载
求方略	问食材	集成册	存起来	虽不全	亦明白

【原文】

诗人美周公而曰："笾豆有践。"恶凡伯而曰："彼疏斯稗。"古之于饮食也，若是重乎？他若《易》称"鼎烹"，《书》称"盐梅"。《乡党》、《内则》琐琐言之。孟子虽贱饮食之人，而又言饥渴未能得饮食之正。可见凡事须求一是处，都非易言。《中庸》曰："人莫不饮食也，鲜能知味也。"《典论》曰："一世长者知居处，三世长者知服食。"古人进髻离肺，皆有法焉，未尝苟且。"子与人歌而善，必使反之，而后和之。"圣人于一艺之微，其善取于人也如是。

余雅慕此旨，每食于某氏而饱，必使家厨往彼灶觚，执弟子之礼。四十年来，颇集众美。有学就者，有十分中得六七者，有仅得二三者，亦有竟失传者。余都问其方略，集而存之。虽不甚省记，亦载某家某味，以志景行。自觉好学之心，理宜如是。虽死法不足以限生厨，名手作书，亦多出入，未可专求之于故纸；然能率由旧章，终无大谬。临时治具，亦易指名。

或曰："人心不同，各如其面。子能必天下之口，皆子之口乎？"曰："执柯以伐柯，其则不远。吾虽不能强天下之口与吾同嗜，而姑且推己及物。则食饮虽微，而吾于忠恕之道则已尽矣，吾何憾哉？"若夫《说郛》所载饮食之书三十余种，眉公、笠翁，亦有陈言；曾亲试之，皆阏于鼻而蜇于口，大半陋儒附会，吾无取焉。

【释文】

诗人赞美周公治国有方，就说："碗盘杯碟，排列成行。" 厌恶凡伯无能，就说："别人吃粗粮，自己吃细粮。" 古人对饮食，是多么的看重啊！其他如《易经》说到烹饪，《尚书》说到调味，《论语·乡党》、《礼记·内则》也琐细地谈了一些饮食方面的事。 孟子虽然轻视讲究吃喝的人，可是他却说过"饥不择食，吃的就不是正味"的话。 由此可见，任何事情要做得对，做得好，不是轻易说说就能办到的。《中庸》说："人没有不吃不喝的，却很少有人懂得美味。"《典论》说："一代做官的显贵者，才懂得建筑舒适的房屋；三代做官的显贵者，才懂得服装饮食之道。" 古人敬神祭祖时，进鱼的朝向、割肺的方法都要按规矩行事，不可马虎。 孔子同别人一起唱歌时，如果觉得他唱得好，一定请他再唱一遍，然后自己又跟他唱一遍。 唱歌的技艺虽小，孔圣人却这么善于学习别人。

这种好学的精神，我非常敬仰。 每逢在某家吃过美味菜肴后，我总是叫家厨去拜那家的厨师为师。 这样做已有四十年了，搜集了很多好的烹调方法。 有些已学会了，有些学到了六七成，有些只学到二三成，有些可惜已经失传了。 我一一问清了方法，把它们汇集起来加以保存。 有些虽然记得不清楚，但也记下某家某菜，以此表达我的仰慕之心。 虚心学习，我认为就应该是这样。 虽然死规定束缚不了活厨师，我也知道名家著作不一定全对，也不可专向旧书堆里去寻找方法，但根据书中所说的去做，大致上是不会错的，临时治办酒席，也容易说出一些名堂。

有人说："人的想法，犹如相貌各不相同，你怎能断使众人的口味都和你相同呢？" 我回答说："照着那方法去做，原则上不会相差很远的。 我虽然不能强求众人的口味与我相同，但不妨把它传给同好的人。 饮食虽小，但我这样做却尽到了把好的东西传给别人的为人之道，就不觉得有什么遗憾了。" 至于《说郛》一书所记饮食的书有三十多种，陈眉公、李笠翁也有这方面的著述，我曾经照着试做过，但做出来的菜却都刺鼻而又难以下口。 那大多是无聊文人牵强附会，我就不采纳了。

须知单

学问之道，先知而后行，饮食亦然。作『须知单』。

做学问　不简单

要先知　而后干

同一理　食亦然

须知单　二十篇

♨ 先天须知

◎ 三字经

知先天	是首篇	凡物品	有先天	如人性	本自圆
天赋高	有本钱	人性愚	下三滥	孔孟教	细心观
不成才	勿多言	物不良	何曰善	易牙烹	也完蛋
做好菜	选料鲜	猪皮薄	不腥臊	鸡宜嫩	不可老
选鲫鱼	扁才好	肚洁白	肉不老	乌背者	肉硬好
鳗要活	湖里找	江生者	硬刺草	谷喂鸭	臕肥白
壅土笋	甘而鲜	同火腿	味不偏	好与歹	若天渊
同台鲞	要详看	其美恶	如冰炭	一席肴	要美观
采购功	占一半	食材鲜	艺精湛	合为一	人称赞
反之言	瞎捣乱				

【原文】

凡物各有先天，如人各有资禀。人性下愚，虽孔、盖教之，无益也；物性不良，虽易牙烹之，亦无味也。指其大略：猪宜皮薄，不可腥臊；鸡宜骗嫩，不可老稚；鲫鱼以扁身白肚为佳，乌背者，必倔强于盘中；鳗鱼以湖溪游泳为贵，江生者，必搓丫其骨节；谷喂之鸭，其臕肥而白色；变土之笋，其节少而甘鲜；同一火腿也，而好丑判若天渊；同一台誊也，而美恶分为冰炭；其他杂物，可以类推。大抵一席佳肴，司厨之功居其六，买办之功居其四。

【释文】

一切动植物，都各具不同的特性，正如人的聪明才智各受先天的禀赋一样。一个资质愚钝的人， 即使孔子、 孟子去教诲他， 也无济于事。 质量不佳的原料， 就是经过易牙烹制， 吃起来还是无味。 大抵来说： 猪肉以皮薄的为好， 腥味大的不可用。 鸡要选肥嫩的阉过的， 太老太小的不用。 鲫鱼以扁身白肚的为好； 乌背的鲫鱼， 脊背骨粗， 盛在盘中， 形态僵硬难看。 生长在湖泊和溪流中的鳗鱼最好； 长江里的鳗鱼， 脊骨像树杈。 用谷物喂养的鸭子， 膘肥色白。 沃土中生长的行鞭笋， 节少而味甘鲜。 同是火腿， 但好丑有着天壤之别。 同出台州的鱼鲞， 其好坏有冰炭之别。 其他各种东西， 可以类推。 大体上讲， 一席佳肴， 厨师的功劳占六分， 采购员的功劳占四分。

♨ 作料须知

◎ 三字经

厨作料	妇人裳	钗环饰	虽有样	善涂抹	环佩响
衣蓝缕	穷叮当	虽西施	也够呛	善烹者	用伏酱
尝甘否	使香油	审生熟	用酒酿	去糟粕	米醋浆
求清冽	而且酱	有清浓	油分样	荤素油	不同相
酒酸甜	细品尝	醋陈新	不一样	忌马虎	葱椒姜
桂糖盐	要少量	选上品	苏州强	卖秋油	三层相
上中下	不能忘	镇江醋	美名扬	色虽佳	味不强
失醋意	难为上	醋第一	是板浦	略次之	浦口醋

【原文】

厨者之作料，如妇人之衣服首饰也。虽有天姿，虽善涂抹，而敝衣蓝缕，西子亦难以为容。善烹调者，酱用优酱，先尝甘否；油用香油，须审生熟；酒用酒酿，应去糟粕；醋用米醋，须求清冽。且酱有清浓之分，油有荤素之别，酒有酸甜之异，醋有陈新之殊，不可丝毫错误。其他葱、椒、姜、桂、糖、盐，虽用之木多，而俱宜选择上品。苏州店卖秋油，有上、中、下三等。镇江醋颜色虽佳，味不甚酸，失醋之本旨矣。以板浦醋为第一，浦口醋次之。

【释文】

厨师用的调味品，好比妇女穿戴的服装和首饰。虽然生得漂亮，也善于涂脂抹粉，但穿着破烂的衣服，就是西施也难以成为美女。一个精于烹调的厨师，酱要用大伏天制作的面酱和酱油，用前先尝尝甜不甜。油要用芝麻油，须识别生熟。酒用原卤酒酿，须将酒渣去掉。醋用米醋，汁清味香。并且酱有清浓之分，油有荤素之别，酒有酸甜之异，醋有新陈的区分，这些在使用时不可有丝毫的错误。其他如葱、椒、姜、桂皮、糖、盐，虽然用得不多，但都要用最好的。苏州油酱店出售的秋油，有上中下三等。镇江醋的颜色虽好，但酸味不足，失去了醋的本义。醋以板浦产的为第一，浦口产的为其次。

♨ 洗刷须知

◎ 三字经

洗刷法	要注意	燕去毛	参去泥	翅去沙	筋去臊
肉筋瓣	剔之酥	鸭肾臊	削则净	鱼胆破	全盘苦
鳗涎存	满碗腥	韭删叶	留白茎	菜弃边	留菜心
鱼去乙	鳖去丑	俗谚云	要记牢	鱼好吃	要洗涤
白筋出	骨清晰	此道理	你懂的		

【原文】

洗刷之法，燕窝去毛，海参去泥，鱼翅去沙，鹿筋去臊。肉有筋瓣，剔之则酥；鸭有肾臊，削之则净；鱼胆破，而全盘皆苦；鳗涎存，而满碗多腥；韭删叶而白存，菜弃边而心出。《内则》曰："鱼去乙，鳖去丑。"此之谓也。谚云："若要鱼好吃，洗得白筋出。"亦此之谓也。

【释文】

洗刷的方法：燕窝钳去毛，海参洗去泥，鱼翅退去沙，鹿筋的腥臊气要去干净。猪肉的筋瓣要剔净，才烧得嫩。鸭有肾臊味，削除就干净了。破了胆的鱼，烧熟后全盘都苦。鳗鱼的粘液不洗净，满碗都腥。韭菜去掉残叶留下白嫩部分，青菜剥去边叶仅存菜心。《礼记·内则》说："鱼去乙，鳖去丑。"讲的就是洗刷之法。俗话说："若要鱼好吃，洗得白筋出。"讲的也是这个意思。

♨ 调剂须知

◎ 三字经

调剂法	相物施	有酒水	一起用	有的菜	专用酒
比如讲	东坡肉	有的菜	专用水	再比如	汆煮类
有盐酱	并用者	也有酱	不用盐	有用盐	不用酱
具体法	依菜缘	物太腻	用油煎	气大腥	用醋喷
要取鲜	用冰糖	少放糖	能提鲜	有的菜	要干爽
使其味	入其内	此类菜	炒与煎	有的菜	要汤宽
使其味	溢其外	此类菜	炖焖汆		

【原文】

调剂之法，相物而施。有酒、水兼用者，有专用酒不用水者，有专用水不用酒者；有盐、酱并用者，有专用清酱不用盐者，有用盐不用酱者；有物太腻，要用油先炙者；有气太腥，要用醋先喷者；有取鲜必用冰糖者；有以干燥为贵者，使其味入于内，煎炒之物是也；有以场多为贵者，使其味溢于外，清浮之物是也。

【释文】

食物的调和法，要根据不同的东西来施行：有的菜用酒和水一起烧，有的只用酒不用水，有的只用水不用酒；有的盐酱并用，有的专用酱油不用盐，有的光用盐不用酱油；有些膘肥的肉食要先用热油汆一下；腥气过重的要先用醋喷过，然后焖烧；有的需用冰糖起鲜味；有些因为干燥而好吃的菜，要使味道进入原料之内，煎炒的菜即是这样；有些因为汤多而好吃的菜，要使味道进入汤中，汤清而又有东西浮在上面的菜即是这样。

♨ 配搭须知

◎ 三字经

配搭者	女配夫	门相当	户相对	两相悦	才久长
烹调法	亦同样	凡一物	要烹成	必辅佐	才能行
清配清	浓配浓	柔配柔	刚配硬	脾气和	和合妙
菜如人	各有性	有的菜	可荤素	像蘑菇	笋冬瓜
荤与素	全都行	有的菜	不可素	葱蒜韭	鲜茴香
有的菜	不可荤	芹刀豆	新百合	常见人	置蟹粉
于燕窝	用百合	炖猪肉	煮鸡汤	胡乱行	为大谬
此搭配	就好比	小唐尧	对苏峻	诸葛亮	对周瑜
凑一起	刀对枪	配搭好	互见功	请君记	用油法
荤菜素	素菜荤				

【原文】

谚曰："相女配夫。"《记》曰："疑人必于其伦。"烹调之法，何以异焉？凡一物烹成，必需辅佐。要使清者配清，浓者配浓，柔者配柔，刚者配刚，方有和合之妙。其中可荤可素者，蘑菇、鲜笋、冬瓜是也。可荤不可素者，葱、韭、菌香、新蒜是也。可素不可荤者，芹菜、百合、刀豆是也。常见人置蟹粉于燕窝之中，放百合于鸡、猪之肉，毋乃唐尧与苏峻对坐，不太悖乎？亦有交互见功者，炒荤菜，用素油，炒素菜，用荤油是也。

【释文】

俗话说："什么样的女子就配什么样的丈夫。"《礼记》说："比拟一个人，必须从他的同类中去找。"烹调的方法，不也是一样吗？凡是制成一菜，必需有辅料相配。要使清的配清，浓的配浓，柔的配柔，硬的配硬，这样，才能和合成美妙的菜肴。其中有的可配荤的，也可配素的，如蘑菇、鲜笋、冬瓜；有的可配荤的，但不可配素的，如葱、韭、茴香、新蒜；有的可配素的，但不可配荤的，如芹菜、百合、刀豆。我常见人将蟹粉放入燕窝中，把百合放入鸡和猪肉之中。这样的配搭，岂不成了唐尧与苏峻对坐，荒谬绝顶吗？但也有荤素互用，做得很出色的，如炒荤菜用素油，炒素菜用荤油。

♨ 独用须知

◎ 三字经

味浓者	宜独用	不搭配	李赞皇	张江陵	性太独
不合群	须专用	方尽才	食物中	鳗鳖蟹	牛与羊
和鲥鱼	味道浓	宜独用	不搭配	只皆因	味道重
虽好吃	也有病	须五味	去调和	去其腥	味即除
别生枝	金陵人	以海参	配甲鱼	用蟹粉	烧鱼翅
岂不知	乱其道	甲鱼香	蟹粉鲜	参与翅	取不足
反行之	鲜变腥	今厨人	要记牢		

【原文】

味太浓重者，只宜独用，不可搭配。如李赞皇、张江陵一流，须专用之，方尽其才。食物中，鳗也，鳖也，蟹也，鲥鱼也，牛羊也，皆宜独食，不可加搭配。何也？此数物者味甚厚，力量甚大，而流弊亦甚多，用五味调和，全力治之，方能取其长而去其弊。何暇舍其本题，别生枝节哉？金陵人好以海参配甲鱼，鱼翅配蟹粉，我见辄攒眉。觉甲鱼、蟹粉之味，海参、鱼翅分之而不足；海参、鱼翅之弊，甲鱼、蟹粉染之而有余。

【释文】

味道太浓重的食物，只能单独使用，不可搭配。好比用人，像李赞皇（李绛）和张江陵（张居正）一类能干的人物，必须专用，才能充分发挥他们的才能。食物中的鳗鱼、鳖、蟹、鲥鱼、牛羊等，都应单独食用，不可加搭配。为什么呢？因为这些食物味厚力大，足够成为一味菜肴。而同时它们的缺点也很多，需要利用五味精心烹调，才能得其美味而去掉不正之味。哪有功夫撇开它的本味，别生枝节呢？南京人喜欢用海参配甲鱼，鱼翅配蟹粉，我见了总要皱眉。感到甲鱼、蟹粉之味不足以分给海参、鱼翅，而海参、鱼翅的腥味却足以污染给甲鱼、蟹粉。

♨ 火候须知

◎ 三字经

熟物法	重火工	煎炒者	须武火	如火弱	则物疲
煨煮者	用文火	如火猛	物枯竭	收汁者	先武火
后文火	如性急	则皮焦	里不熟	猪腰子	与鸡蛋
不怕煮	你愈煮	愈鲜嫩	鱼蚶蛤	就怕煮	略一煮
即不嫩	肉起迟	红变黑	鱼起迟	活变死	屡开锅
多杂沫	少其香	火熄了	再燃烧	肉跑油	味失了

如道家　练金丹　须九转　才成仙　若儒家　以不过
又不及　取中庸　事才成　司厨者　要记清　知火候
谨伺之　勤习练　则通矣　鱼上席　白如玉　凝不散
是活鱼　色如粉　不胶粘　乃死鱼　明鲜鱼　蒸过火
使不鲜　枉费力　用眼观　看仔细

【原文】

熟物之法，最重火候。有须武火者，煎炒是也；火弱则物疲矣。有须文火者，煨煮是也；火猛则物枯矣。有先用武火而后用文火者，收汤之物是也；性急则皮焦而里不熟矣。有愈煮愈嫩者，腰子、鸡蛋之类是也。有略煮即不嫩者，鲜鱼、蚶蛤之类是也。肉起迟则红色变黑，鱼起迟则活肉变死。屡开锅盖，则多沫而少香。火熄再烧，则走油而味失。道人以丹成九转为仙，儒家以无过、不及为中。司厨者，能知火候而谨伺之，则几于道矣。鱼临食时，色白如玉，凝而不散者，活肉也；色白如粉，不相胶粘者，死肉也。明明鲜鱼，而使之不鲜，可恨已极。

【释文】

烹饪食物，关键是火候。有必须用旺火的，如煎炒类的菜；火力不足，成菜就疲沓失劲。有必须用文火的，如煨煮类的菜；火猛了，食物就干枯了。有应先用旺火，后用文火的，如要将汤收紧的菜；如果心急一直用旺火，食物就皮焦里不熟。有愈煮愈酥的，如腰子、鸡蛋之类；有稍多煮一下就不嫩了的，如鲜鱼、蚶蛤之类。猪肉熟了即起锅，颜色红润；起锅迟了，就会变黑。鱼起锅太晚，则肉质碎烂，味同死鱼。烹饪时，如果开锅盖次数多了，菜肴就多沫少香；如果火灭再烧，菜肴就走油失味。传闻道人炼丹，必须经过九次循环转变才炼成仙丹；儒家以"既不做过头，又要功夫到家"为中庸之道。如果厨师能正确掌握火候，又能谨慎细心操作，差不多就是掌握了人生之道。鱼到临吃时，色白似玉，凝而不散，便是活肉；色白如粉，松而不粘，则是死肉。明明是鲜活的鱼，却做成死鱼一样，那就太可恨了。

♨ 色臭须知

◎ 三字经

目与鼻	口之邻	亦还是	口之媒	嘉肴至	先眼观
再鼻嗅	色与味	知不同	或洁净	若秋云	或鲜艳
如琥珀	其芬芳	扑鼻来	一道菜	色香味	眼观色
鼻闻香	讲颜值	然后品	用舌尝	知其妙	然求色
要鲜艳	不用色	求其香	要切记	不可以	添加剂
好至味	把味伤				

【原文】

目与鼻，口之邻也，亦口之媒介也。嘉肴到目、到鼻，色臭便有不同。或净若秋云，或艳如琥珀，其芬芳之气，亦扑鼻而来，不必齿决之，舌尝之，而后知其妙也。然求色不可用糖炒，求香不可用香料。一涉粉饰，便伤至味。

【释文】

眼睛和鼻子，既是嘴的近邻又是嘴的媒介。好的菜肴放在眼睛、鼻子前，有不同色彩和香味：有的明净如秋云，有的鲜艳似琥珀，阵阵香味扑鼻而来，不必要经过齿嚼舌尝才知道菜味的美妙。要使菜肴的色泽鲜艳，不可用糖来炒制；但要使它的香味浓郁，却不可用香料，如果用香料来粉饰，就破坏了食物本有的美味。

♨ 迟速须知

◎ 三字经

凡请客	要相约	须三日	好打理	若客人
需便餐	或在外	行舟船	落路店	若如此
即此何	如东海	取之水	救南池	之焚乎
一种菜	急救法	如鸡片	炒肉丝	炒虾米
糟鱼干	茶火腿	这类菜	反因快	速而捷
此中道	必须知			

斗然至
来不及
必预备
炒豆腐
见其巧

【原文】

凡人请客,相约于三日之前,自有工夫平章百味。若斗然客至,急需便餐;作客在外,行船落店;此何能取东海之水,救南池之焚乎?必须预备一种急就章之菜,如炒鸡片,炒肉丝,炒虾米豆腐,及糟鱼、茶腿之类,反能因速而见巧者,不可不知。

【释文】

一般人设宴请客,三天前就约定好了,当然有充分的时间准备各种菜肴。倘若突然来了客人,急需请他吃便饭;或者外出做客,坐在船中,旅居客店;遇到这样的情况,远水怎能救得了近火呢?必须预备一种应急的菜,如炒鸡片、炒肉丝、炒虾米豆腐、糟鱼和火腿之类。需在短时间之内便可制作的精巧菜肴,这样,反而能因快速而显出精巧的烹调技术来。这些在短时间之内便可制作的精巧菜肴,做厨师的不可不知。

♨ 变换须知

◎ 三字经

一物有	一物味	不可以	混同之	就犹如	圣人教
因才育	不一律	正所谓	是君子	成人美	今俗厨
以鸡鸭	猪和鹅	一锅煮	遂令味	尽雷同	难下咽
如嚼蜡	唯恐怕	鸡鸭魂	到阴间	诳死城	告阎王
苦遭报	悔晚矣	善治菜	须多设	锅与灶	盂和钵
使一物	献一性	使一碗	成一味	使嗜者	明事理
口腹欲	有玄机	静心悟	密藏参		

【原文】

一物有一物之味，不可混而同之。犹如圣人设教，因才乐育，不拘一律。所谓君子成人之美也。今见俗厨，动以鸡、鸭、猪、鹅，一汤同滚，逐令千手雷同，味同嚼蜡。吾恐鸡、猪、鹅、鸭有灵，必到枉死城中告状矣。善治菜者，须多设锅、灶、盂、钵之类，使一物各献一性，一碗各成一味。嗜者舌本应接不暇，自觉心花顿开。

【释文】

一物有一物的滋味，不可混合等同使用。好比古代圣人办学，总是因人施教，不强求一律，这就是所谓君子成人之美。我见一般的俗手，往往将鸡、鸭、猪、鹅放在一起混煮。这么做，把不同的原料都做成了一个味道，吃起来也必然味同嚼蜡了。我想，如果鸡、猪、鹅、鸭有灵魂的话，必然去枉死城告状。一个善于烹调的厨师，必须多设锅灶和盂钵之类器具来分烧，使一种食物呈献一种特性，一碗菜肴自成一种口味。菜肴的爱好者吃着这些层出不穷的美味，便会顿觉心花怒放。

♨ 器具须知

◎ 三字经

古语云	美食者	须美器	斯语也	然宣成	嘉万窑
器太贵	颇愁损	竟不如	用御窑	已觉雅	惟是宜
碗者碗	盘者盘	大者大	小者小	参错间	方生色
若古板	十大碗	八大盘	既笨重	又太俗	大概是
物贵者	器宜大	物贱者	器宜小	煎与炒	宜用盘
汤和羹	宜用碗	煎与炒	宜铁锅	煨与煮	宜砂罐

【原文】

古语云：美食不如美器。斯语是也。然宣、成、嘉、万，窑器太贵，颇愁损伤，不如竟用御窑，已觉雅丽。惟是宜碗者碗，宜盘者盘，宜大者大，宜小者小，参错其间，方觉生色。若板板于十碗八盘之说，便嫌笨俗。大抵物贵者器宜大，物贱者器宜小。煎炒宜盘，汤羹宜碗，煎炒宜铁锅，煨煮宜砂罐。

【释文】

古语说："美食不如美器。" 这话说得很对。 然而明代宣德、 成化、 嘉靖、 万历四朝所烧制的器皿极为贵重， 很担心被损坏， 不如干脆用清朝官窑所制的器皿， 也就够雅致华丽的了。 但须考虑到该用碗的就用碗， 该用盘的就用盘， 该用大的就用大的， 该用小的就用小的。 各式盛器参差陈设在席上， 令人觉得更加美观舒适。 如果呆板地用十大碗、 八大盘， 就嫌粗笨俗套。 一般来说， 珍贵的食物宜用大的盛器， 普通的食物宜用小的盛器。 煎炒的菜肴用盘装为好， 汤羹一类宜用碗盛。烹制煎炒的菜， 宜用铁铜制的炒锅； 煨煮的菜， 则宜用砂锅。

〰 上菜须知

◎ 三字经

上菜法	咸者先	淡者后	浓宜先	薄宜后	无汤者
宜放前	有汤者	宜在后	且天下	有五味	不可以
咸一味	概括全	度客饱	则脾困	必须用	辛辣味
以振动	虑宾客	酒喝多	则胃疲	用酸甘	提醒之

【原文】

上菜之法：盐者宜先，淡者宜后；浓者宜先，薄者宜后；无汤者宜先，有汤者宜后。且天下原有五味，不可以咸之一味概之。度客食饱，则脾困矣，须用辛辣以振动之；虑客酒多，则胃疲矣，须用酸甘以提醒之。

【释文】

上菜的方法是：咸的先上，清淡的后上；味浓的先上，味薄的后上；无汤的先上，有汤的后上。天下的菜肴本来存有五味，不可单用咸味来概括它。想到客人吃饱后，脾脏困顿，就要用辣味去刺激它；考虑到客人酒喝多了，肠胃疲弱，就要用酸、甜味去醒酒提神。

〰 时节须知

◎ 三字经

夏日长	炎而热	宰太早	则肉败	冬日短	冷而寒
烹稍迟	则物生	冬天宜	食牛羊	移于夏	非其时
夏宜食	腌干腊	移之冬	非其时	辅之物	伏夏天
宜芥末	严冬日	用胡椒	三伏天	得冬腌	虽贱物

竟成空　当秋凉　得鞭笋　亦贱物　视珍馐　有先时
见好者　三月鲜　食鲥鱼　有后时　见好者　四月食
芋艿也　其他物　可类推　有过时　不可吃　如萝卜
过时空　野山笋　过季苦　刀鲚鱼　时节过　则骨硬
正所谓　四时序　成者退　精华竭　撩褰裳　去之也
当则知　需谨记

【原文】

夏日长而热，宰杀太早，则肉败矣。冬日短而寒，烹饪稍迟，则物生矣。冬宜食牛羊，移之于夏，非其时也。夏宜食干腊，移之于冬，非其时也。辅佐之物，夏宜用芥末，冬宜用胡椒。当三伏天而得冬腌菜，贱物也，而竟成至宝矣。当秋凉时而得行鞭笋，亦贱物也，而视若珍馐矣。有先时而见好者，三月食鲥鱼是也。有后时而见好者，四月食芋艿是也。其他亦可类推。有过时而不可吃者，萝卜过时则心空，山笋过时则味苦，刀鲚过时则骨硬。所谓四时之序，成功者退，精华已竭，褰裳去之也。

【释文】

夏季昼长而热，牲畜宰杀过早，肉易败坏变质；冬季日短且冷，烹调的时间短了，食物不易熟透。冬季宜于食用牛羊肉，改到夏季来吃，就不合时令；夏季宜于吃腌腊食品，移到冬季去吃，则不合时节。辅助的食料，夏天宜用芥末，冬天宜用胡椒。冬咸菜虽是极廉之物，如果放在三伏天里吃，那就成了宝贝了。行鞭笋也是一种廉价物，如在秋凉时节得而食之，就被人视为珍贵的菜肴。有的食物提前食用，就显得更鲜美，三月的鲥鱼就是这样。有的则推迟一点去吃为好，四月里吃陈芋艿就是如此。其他食物也可以此类推。有的食物过了时令就不好吃，如萝卜过时就空心无味，山笋过时就有苦味，刀鱼、鲚鱼过时骨头就变硬。这就是人们所说的万物都按四季的时序生长，旺盛期一过，精华耗尽，撩起衣裳就离开了。

♨ 多寡须知

◎ 三字经

用贵物	宜多些	用贱物	宜少些	煎炒者	用物多
则火力	不透矣	肉不松	故用肉	不得过	小半斤
用鸡鱼	不得过	大六两	有人问	不够吃	该如何
袁枚说	食毕后	还想吃	让厨房	再炒之	烹之法
以多贵	白煮肉	二十斤	大锅煮	肉若少	淡无味
粥亦然	非斗米	米若少	浆不厚	且须记	要扣水
水若多	物若少	汤易稀	味则薄		

【原文】

用贵物宜多，用贱物直少。煎炒之物，多，则火力不透，肉亦不松。故用肉不得过半斤，用鸡、鱼不得过六两。或问：食之不足，如何？曰：俟食毕后另炒可也。以多为贵者，白煮肉，非二十斤以外，则淡而无味。粥亦然，非斗米则汁浆不厚，且须扣水，水多物少，则味亦薄矣。

【释文】

（一菜之中）价钱贵的东西，用量要多一些；价钱便宜的，用量要少一些。煎炒的菜肴，物料多了就炒不透，肉也不松软，所以肉的分量不得超过半斤，鸡、鱼的用量不得超过六两。或许有人要问："不够吃怎么办？"我说："等吃完了，另炒一个就是了。"有的菜肴，原料多了才能做好。如：白煮肉若不在二十斤以上的，就淡而无味。煮粥也同样如此，如果不用斗米煮粥，汁浆就不稠厚；而且要根据水量多少，如果水多米少，粥也就稀薄了。

♨ 洁净须知

◎ 三字经

切葱刀	勿切笋	捣椒臼	勿捣粉	闻菜有	抹布气
由其布	不洁也	闻菜有	砧板气	则其板	不净也
工欲良	善其事	必先要	利其器	良厨要	多磨刀
多换布	多刮板	多洗手	准备齐	后治菜	甚至于
吸烟灰	头上汗	灶上蝇	地上蚁	锅之煤	一入菜
满完了	庖厨烹	艺再好	也无用	如西施	人再美
蒙不洁	人皆弃	掩鼻过	是之矣		

[原文]

切葱之刀，不可以切笋；捣椒之臼，不可以捣粉。闻菜有抹布气者，由其布之不洁也；闻菜有砧板气者，由其板之不净也。"工欲善其事，必先利其器。"良厨先多磨刀，多换布，多刮板，多洗手，然后治菜。至于口吸之烟灰，头上之汗汁，灶上之蝇蚁，锅上之烟煤，一玷入菜中，虽绝好烹庖，如西子蒙不洁，人皆掩鼻而过矣。

[释文]

切葱的刀不可用来切笋，捣椒的石臼不可用来捣米粉。闻到菜肴中的抹布味，便知是由于抹布洗得不净的缘故；闻到菜肴中的砧板气，便知是由于砧板刮得不净所造成。工欲善其事，必先利其器。一个好的厨师，先要多磨刀，多换抹布，多刮砧板，多洗手，然后才制作菜肴。至于吸烟的烟灰，头上的汗水，灶上的苍蝇、蚂蚁，锅中的烟煤，一旦玷污了菜肴，即使经过精心的烹制，也如同西施沾上了污秽，人人见了都会捂着鼻子走开。

♨ 用纤须知

◎ 三字经

纤俗称	豆粉也	为纤者	即拉船	用纤也	顾其名
思其义	治肉者	要作团	不能合	要作羹	不能腻
故用粉	牵合之	煎炒时	肉贴锅	必焦老	故用粉
护持之	此纤义	用纤时	需适当	如乱用	则可笑
用纤多	则糊涂	用纤少	则无用	汉制考	呼曲麸
亦为媒	媒即纤				

【原文】

俗名豆粉为纤者，即拉船用纤也，须顾名思义。因治肉者要作团而不能合，要作羹而不能腻，故用粉以牵合之。煎炒之时，虑肉贴锅，必至焦老，故用粉以护持之。此纤义也。能解此义用纤，纤必恰当，否则乱用可笑，但觉一片糊涂。《汉制考》齐呼曲麸为媒，媒即纤矣。

【释文】

一般把豆粉称为纤，就是拉船要用纤的意思。我们可从名称来了解它的意思。因为用肉来制作肉圆不易粘合，制羹不能使汤汁浓腻，所以用纤粉凝合起来。煎炒菜肴时，担心肉贴锅就会焦老，所以用纤粉上浆来防护它。这就是纤的含义。懂得用纤的意思的厨师，就能把纤用得恰到好处。否则，乱用一通，就会闹出笑话，看起来一片糊涂。据《汉制考》记载，齐国人称曲麸为媒。媒就是纤的意思。

♨ 选用须知

◎ 三字经

选用法	小炒肉	用后臀	做肉圆	用前尖	煨肉用
硬短勒	炒鱼片	青季鱼	做鱼松	用草鲤	若蒸鸡
用雏鸡	煨鸡用	小骟鸡	取鸡汁	宜老鸡	鸡用雌
方才嫩	鸭用雄	方才肥	莼用尖	菜用头	芹用杆
韭用根	皆一理	余可推	此乃术		

【原文】

选用之法，小炒肉用后臀，做肉圆用前夹心，煨肉用硬短勒。炒鱼片用青鱼、季鱼，做鱼松用鲜鱼、鲤鱼。蒸鸡用雏鸡，精鸡用骟鸡，取鸡汁用老鸡；鸡用雌才嫩，鸭用雄才肥；莼菜用头，芹韭用根，皆一定之理。余可类推。

【释文】

选用物料的方法是：小炒肉用猪后腿的精肉；做肉圆要用前夹心肉；煨肉要用五花的硬短勒。炒鱼片选用青鱼、鳜鱼；制鱼松用草鱼、鲤鱼。蒸鸡选用母鸡，煨鸡用阉过的鸡，提取鸡汁用老母鸡。鸡用雌的才鲜嫩，鸭用雄的才肥壮。莼菜用它的头端嫩叶，芹菜、韭菜用它的根部。这种选用方法，都有它一定的道理。其他物料都可以此类推。

♨ 疑似须知

◎ 三字经

味要浓	不可腻	味要鲜	不可淡	厚与清	疑似间
差毫厘	失千里	浓厚者	取精华	糟粕去	若贪肥
不如食	猪油矣	清鲜者	真味出	俗尘无	若徒淡
则不如	饮水矣				

【原文】

味要浓厚，不可油腻；味要清鲜，不可淡薄。此疑似之间，差之毫厘，失以千里。浓厚者，取精多而糟粕去之谓也；若徒贪肥腻，不如专食猪油矣。清鲜者，真味出而俗尘无之谓也；若徒贪淡薄，则不如饮水矣。

【释文】

菜肴的味道要浓厚，不可油腻；要清鲜，不可淡薄。这是与不是之间，弄错一点，效果就大不一样。"浓厚"是指多取精华去除糟粕而言，如果贪图肥腻，倒不如专吃猪油为好；"清鲜"是指显出本味不沾恶味而言，如果光贪淡薄，还不如去喝白开水。

♨ 补救须知

◎ 三字经

名厨师	调羹时	咸淡宜	老嫩适	原无需	再调之
不得已	补救之	调味者	宁清淡	毋要咸	淡可盐
咸勿淡	烹鱼者	火不足	可补之	如蒸老	无嫩可
此一事	于一切	下作料	静观火	便可参	需谨记

【原文】

名手调羹，咸淡合宜，老嫩如式，原无需补救。不得已为中人说法，则调味者，宁淡毋咸；淡可加盐以救之，咸则不能使之再淡矣。烹鱼者，宁嫩毋老，嫩可加火候以补之，老则不能强之再嫩矣。此中消息，于一切下作料时，静观火色，便可参详。

【释文】

名厨高手烹制的菜肴，咸淡适当，老嫩合适，本来不需要补救。但不得不为技术一般的人说一说补救的办法，那就是：调味时，宁淡勿咸，淡了可以加盐补救，咸了却不能使它再淡；烹制鱼类，宁嫩勿老，嫩了可以调节火候加以补救，老了就不能使它再变嫩。其中的关键，在于使用各种佐料时，要仔细地观察火候的变化，并以此来调制菜肴的咸淡和老嫩。

♨ 本分须知

◎ 三字经

满洲菜	多烧煮	汉人菜	多羹汤	童习之	故擅长
汉请满	满请汉	用所长	擅长菜	客食之	觉新鲜
邯郸桥	忘其本	学人步	费大力	不讨好	汉请满
用满菜	满请汉	用汉菜	本不精	依其样	画葫芦
有其名	无其实	欲画虎	类犬矣	秀才考	下场前
专心作	自己文	务极工	自遇合	若逢师	摹仿之
逢主考	再摹之	无定性	掇元真则终身		不中矣

【原文】

满洲菜多烧煮，汉人菜多羹汤，童而习之，故擅长也。汉请满人，满请汉人，各用所长之菜，转觉入口新鲜，不失邯郸故步。今人忘其本分，而要格外讨好。汉请满人用满菜，满请汉人用汉菜，反致依样葫芦，有名无实，画虎不成反类犬矣。秀才下场，专作自己文字，务极其工，自有遇合。若逢一宗师而摹仿之，逢一生考而摹仿之，则掇皮无异，终身不中矣。

【释文】

　　满洲菜以烧煮为多，汉族菜以汤羹较多。因为从小就学，所以擅长。汉人宴请满人，满人宴请汉人，各用擅长的菜肴来款待，客人吃了，反而觉得新鲜有味，不失菜肴的特色。现在的人都忘了本分，偏要格外讨好：汉人请满人做满菜，满人请汉人做汉菜，反而成了依样画葫芦，有名无实，"画虎不成反类犬"了。秀才进考场，只要精心构思，竭力把自己的文章写好，自然会遇到受赏识的机会，如果碰到一个宗师就摹仿宗师，碰到一个主考就摹仿主考，那就徒有皮毛而无实学，考一辈子也是不会中的。

戒单

为政者兴一利，不如除一弊。能除饮食之弊，则思过半矣。作『戒单』。

为政者　兴一利

不如去　除一弊

能去除　饮食弊

则思忖　过半矣

作戒单

♨ 戒外加油

◎ 三字经

俗厨子	制菜肴	熬猪油	一大锅	临上菜	舀一勺
浇菜上	曰明油	为好看	不顾腻	好燕窝	至清物
亦加油	受玷污	此恶俗	广流传	人愚痴	违健康
常吞咽	大嚼之	自以为	得油水	入腹中	甚畅快
岂不知	此吃法	误他人	害自己	宜警醒	勿沉迷

【原文】

俗厨制菜，动熬猪油一锅，临上菜时，勺取而分浇之，以为肥腻。甚至燕窝至清之物，亦复受此玷污。而俗人不知，长吞大嚼，以为得油水入腹。故知前生是饿鬼投来。

【释文】

一般厨师做菜时，总要预先熬好一锅热猪油，临上菜时，就用勺把熟油分浇在菜面上，认为可使菜肴肥腻有味。甚至燕窝这种最清爽的东西，也让这个法子给玷污了。而一般人不知道，竟狼吞虎咽起来，以为是把油水吃进了肚子里，可知这种人是由饿鬼投生而来的。

♨ 戒同锅熟

◎ 三字经

同锅熟	已载前	知变换	须知单	一条中	标注明

【原文】

同锅熟之弊，已载前"变换须知"一条中。

【释文】

食物同锅混烧的弊端，已经载入前面的"变换须知"条目中。

♨ 戒耳餐

◎ 三字经

耳餐者	务其名	显富贵	不求精	夸敬客	做人情
此耳餐	不安宁	豆腐贱	并非浊	如得味	胜燕窝
海参好	可敌国	制不佳	如折笋	袁子才	经常说
鸡和猪	皆需活	鱼与鸭	豪杰客	各本味	皆不弱
尽可成	一道菜	海参富	如华盖	燕窝贵	不贱卖
但庸陋	无情爱	寄篱下	如压寨	某太守	把宴摆
金边碗	如缸盖	用白水	煮燕菜	足四两	实难耐
人夸之	枚笑坏	太守公	请我来	摆酒席	吃燕菜
量虽大	有气派	钱虽多	实难爱	不可吃	把家败
满碗珠	方不赖				

【原文】

何谓耳餐？耳餐者，务名之谓也。贪贵物之名，夸敬客之意，是以耳餐，非口餐也。不知豆腐得味，远胜燕窝。海菜不佳，不如蔬笋。余尝谓鸡、猪、鱼、鸭，豪杰之士也，各有本味，自成一家。海参、燕窝，庸陋之人也，全无性情，寄人篱下。尝见某太守宴客，大碗如缸，白煮燕窝四两，丝毫无味，人争夸之。余笑曰："我辈来吃燕窝，非来贩燕窝也。"可贩不可吃，虽多奚为？若徒夸体面，不如碗中竟放明珠百粒，则价值万金矣。其如吃不得何？

【释文】

什么叫耳餐？耳餐的意思，就是把精力用在求名上，片面地去追求食物名贵，企图达到敬客之意。这种做法是用耳朵吃，而不是用口吃。不懂得豆腐烧得有味，要比燕窝好吃得多；做得不好的海菜，不及蔬菜和鲜笋。我曾把鸡、猪、鱼、鸭比作豪杰之士，因为它们各具本味，能独自成菜；海参、燕窝好比庸陋之人，毫无性情，全靠别的东西来维持。我曾见某太守请客，用像水缸、石臼那么大的碗盛着四两白煮燕窝，吃起来一点味道也没有，客人们却都夸个不停。我笑着说："我们是来吃燕窝的，不是来贩燕窝的。"如果只能贩卖而不好吃，多又有什么用呢？要是仅仅为了夸耀体面，不如就在碗里放上百粒明珠，倒值万金了，但不能吃。又有什么好处呢？

戒目食

◎ 三字经

目食者	贪多型	令人慕	图虚名	各种菜	上不停
盘叠碗	看不清	是目食	吃不明	极名厨	一日中
所作菜	若要精	难超过	四五形	这尚且	拿不准
更何况	拉杂陈	枚尝过	此食阵	讲排场	极热忱
从干鲜	到冷荤	从甜碗	到卤拼	上热菜	满馐珍
燕翅鲍	素加荤	主食供	十余品	尽奢华	未所闻
极得意	是主人	散席后	把心问	未曾饱	劳乏身
回到家	把面抻	袁枚曰	如今人	好奢侈	恶习文
不明理	好乱神	肴馔多	适口珍	悦人目	枉费神
当谨记	莫愚浑				

【原文】

何谓目食？目食者，贪多之谓也。今人慕"食前方丈"之名，多盘叠碗，是以目食，非口食也。不知名手写字，多则必有败笔；名人作诗，烦则必有累句。极名厨之心力，一日之中，所作好菜不过四五味耳，尚难拿准，况拉杂横陈乎？就使帮助多人，亦各有意见，全无纪律，愈多愈坏。余尝过一商家，上菜三撤席，点心十六道，共算食品将至四十余种。主人自觉欣欣得意，而我散席还家，仍煮粥充饥。可想见其席之丰而不洁矣。南朝孔琳之曰："今人好用多品，适口之外，皆为悦目之资。"余以为肴馔横陈，熏蒸腥秽，目亦无可悦也。

【释文】

什么叫目食？目食的意思就是贪多。如今有些人羡慕菜肴满桌，迭碗垒盘，这是用眼吃，不是用嘴吃。他们不知道有名的书法家，字写多了，必有败笔；著名的诗人，诗做得多了，必有平庸的句子。有名的厨师做菜，尽心竭力，一天之中也只能烧四五样好菜，而且把握还不大，何况要杂七杂八地摆满一桌子呢？即使有许多人去帮助，也各有己见，行动上毫无纪律，越多越坏事。我曾到一商人家赴宴，上菜换了三次席，点心有十六道，食品总计达四十余种之多。主人自以为很得意，而我回家后，还得煮粥充饥。可以想见那筵席多而不好的情况了。南朝孔琳之说："现在的人喜欢菜肴的品种多些，可是，除可口的之外，多数是图好看的点缀品。"我认为，肴馔杂乱无章，气味秽浊，看了也没有愉快之感。

♨ 戒穿凿

◎ 三字经

物有性	勿穿凿	物本佳	自成巧	如燕窝	品质好
何必再	捶团绕	人常言	海参好	又何必	熬酱酪
西瓜甜	汁不少	竟有人	制成糕	苹果熟	脆甜咬
亦有人	蒸脯膏	秋藤饼	把人撩	李笠翁	玉兰糕

尽乱来　瞎胡闹　以为是　矫揉造　失大方　引人笑
落得个　造魔妖

【原文】

物有本性，不可穿凿为之。自成小巧，即如燕窝佳矣，何必捶以为团？海参可矣，何必熬之为酱？西瓜被切，略迟不鲜，竟有制以为糕者。苹果太熟，上口不脆，竟有蒸之以为脯者。他如《尊生八笺》之秋藤饼，李笠翁之玉兰糕，都是矫揉造作，以杞柳为杯棬，全失大方。譬如庸德庸行，做到家便是圣人，何必索隐行怪乎！

【释文】

凡食物都有本性，不可牵强行事。顺其自然，就成为很巧妙的东西。燕窝是最好的了，何必一定要把它捶成丸子呢？海参也是很好的了，何必一定把它熬成酱呢？西瓜切开后，放的时间稍长就不新鲜，却有人把它制成糕。苹果太熟，吃起来就不脆，竟有人把它蒸熟做成脯。其他如《尊生八笺》中的秋藤饼、李笠翁的玉兰糕，都是矫揉造作失去本性的东西，像是把杞柳的枝条扭曲作成的杯盘一样，全无自然大方的气概。譬如做人，只要按照常人的道德行为做到家，就是圣人，何必要去做些稀奇古怪的事情呢？

♨ 戒停顿

◎ 三字经

味要鲜　再起锅　极锋试　略停顿　便如霉　过衣裳
虽绮罗　亦晦闷　旧衣衫　令人憎　尝得见　性急人
每摆宴　人刚坐　未寒暄　令齐出　于是乎　司厨人
将全桌　整席菜　都放入　蒸笼中　候主催　通上齐
馔如此　岂有味　善烹者　一盘碗　费心思　遇食者

莽暴戾	囫囵吞	只可惜	就好比	汉秣陵	哀家梨
大而美	入口脆	蒸食之	原味失	袁子才	到粤东
食兰坡	明府家	鳝羹美	访其故	兰坡曰	无机密
不过是	现宰杀	现烹制	现食用	不停顿	鳝即鲜
其他物	皆类推				

【原文】

物味取鲜，全在起锅时极锋而试。略为停顿，便如霉过衣裳，虽锦绣绮罗，亦晦闷而旧气可憎矣。尝见性急主人，每摆菜必一齐搬出。于是厨人将一席之菜，都放蒸笼中，候主人催取，通行齐上。此中尚得有佳味哉？在善烹饪者，一盘一碗，费尽心思；在吃者，卤莽暴戾，囫囵吞下，真所谓得哀家梨，仍复蒸食者矣。余到粤东，食杨兰坡明府鳝羹而美。访其故，曰："不过现杀、现烹、现熟、现吃，不停顿而已。"他物皆可类推。

【释文】

食物的鲜美滋味，一定要在刚起锅时品尝，稍微停放，就不鲜不香了。就像霉过的衣裳，虽然是锦绣绮罗做成的，也有一股使人讨厌的霉气。我曾见过性急的主人，每次请客摆菜，总是要求把菜一起搬出。厨师只能将烧好的整桌菜放入蒸笼里，等候主人催取时一起搬上去。这样的菜还有什么好的滋味呢？善于烹饪的厨师总是费尽心思，把菜一盘一碗地烧出来，而吃的人却鲁莽粗暴，囫囵吞下去，真好比得到哀家梨，不趁新鲜时吃，而将它蒸熟再吃那样可笑。我在粤东杨兰坡知县家吃过鳝羹，味道极好。我问原因，他说："只不过现杀、现烹、现熟、现吃，不停顿罢了。"这个方法也适于其他的食物。

♨ 戒暴殄

◎ 三字经

暴殄者	不惜物	鸡鱼鹅	全不顾	首至尾	各局部
俱有味	有尺度	只取精	多弃了	尝见有	烹甲鱼
专取裙	余不要	岂不知	裙虽好	味在肉	蒸鲥鱼
专取肚	岂不知	鲜在背	至贱者	如腌蛋	其佳处
虽在黄	岂不知	全去白	则失趣	味索然	且予之
明此语	非俗人	当惜福	勿暴殄	有益人	于饮食
犹可也	暴殄者	损福报	反累食	又何苦	有甚者
用烈炭	炙活鹅	取其掌	取活鸡	用剀刀	挖其肝
此行者	非君子	物人用	乃常情	若为食	施残暴
天厌之	果报之				

【原文】

暴者不恤人功，殄者不惜物力。鸡、鱼、鹅、鸭，自首至尾，俱有味存，不必少取多弃也。尝见烹甲鱼者，专取其裙而不知味在肉中；蒸鲥鱼者，专取其肚而不知鲜在背上。至贱莫如腌蛋，其佳处虽在黄不在白，然全去其白而专取其黄，则食者亦觉索然矣。且予为此言，并非俗人惜福之谓。假使暴殄而有益于饮食，犹之可也；暴殄而反累于饮食，又何苦为之？至于烈炭以炙活鹅之掌，剀刀以取生鸡之肝，皆君子所不为也。何也？物为人用，使之死，可也；使之求死不得，不可也。

【释文】

暴虐的人是不体恤人力的，糟蹋东西的人是不珍惜物力的。鸡、鱼、鹅、鸭等，从头到尾都是各自有味的，不必少取多弃。我曾见过烹制甲鱼的人，专取它的裙边，而不知味道在于甲鱼的肉中。还有蒸鲥鱼的，专取鲥鱼的肚，而不知鲜味在鲥鱼的背上。最便宜的东西莫过于腌蛋了，它最好的味道虽在蛋黄，不在蛋白，但是专吃蛋黄不吃蛋白，吃的人也会觉得索然无味了。我说这样的话，并非如俗人那样为了积福。假如浪费能使食物更为好吃，倒还说得过去；如果浪费反而有损于食物，那又何苦去这样做呢？至于用烈炭来烤活鹅的脚掌，用刀割取活鸡的肝，都是君子所不为的。为什么呢？鸡、鹅等活物为人所用，把它杀死，是可以的；但使它求死不得的做法，却是不可取的。

♨ 戒纵酒

◎ 三字经

事是非	惟清醒	能知之	味美恶	惟清醒	能明之
伊尹云	味精微	只意会	不能言	明白时	尚且可
不能言	岂有醉	酗酒人	岂知味	往往见	酒战徒
啖佳菜	如嚼蜡	心不存	思维乱	酒过量	焉知味
酒浅尝	品菜味	两相宜	心愉悦	甜与咸	有层次
逞酒能	无是处				

【原文】

事之是非，惟醒人能知之；味之美恶，亦惟醒人能知之。伊尹曰："味之精微，口不能言也。"口且不能言，岂有呼呶酗酒之人，能知味者乎？往往见拇战之徒，啖佳肴如啖木屑，心不在焉。所谓惟酒是务，焉知其余，而治味之道扫地矣。万不得已，先于正席尝菜之味，后于撤席逞酒之能，庶乎其两可也。

【释文】

事情的是与非，只有头脑清醒的人才分得清；食物味道的好与坏，也只有清醒的人才能品尝得出。伊尹说："滋味的精妙之处，口是说不清楚的。"口都不能说得清楚，那么，大呼小叫的醉汉怎么能知道其中的精妙呢？猜拳酗酒的人，往往把佳肴当木屑似的大口吞吃，他们的心思全不在品味上。所谓一门心思为了喝酒，哪里还知道其他呢？制作菜肴的功夫也就白花了。如果非饮不可，最好先在正席上尝尝菜味，吃完后再施展饮酒的本领。这样，或许两方面都可得到享受。

♨ 戒火锅

◎ 三字经

冬宴客	用火锅	客喧腾	已属厌	且各菜	有各味
有宜文	有宜武	有宜撤	有宜添	瞬息差	把握难
今一起	入锅里	以火逼	其味失	只可叹	今世人
烧焦炭	以为好	甚得意	而不知	物多滚	能变味
若人问	如菜冷	当何处	简斋言	刚起锅	滚热菜
不使冷	客食尽	而此菜	尚能留	至冷时	其味劣
需当晓	由此知				

【原文】

冬日宴客，惯用火锅。对客喧腾，已属可厌；且各菜之味，有一定火候，宜文宜武，宜撤宜添，瞬息难差。今一例以火逼之，其味尚可问哉？近人用烧酒代炭，以为得计，而不知物经多滚，总能变味。或问：菜冷奈何？曰：以起锅滚热之菜，不使客登时食尽，而尚能留之以至于冷，则其味之恶劣可知矣。

【释文】

冬天设宴请客，习惯上多用火锅。一用火锅，火气水味，对客喧腾，已经是够讨厌的了；况且各菜各味，都有一定火候，有的宜用文火，有的宜用武火，有的要撤火，有的要添火，这是瞬息之间也不能相差的。现在一概用火急攻，这种菜的滋味还有什么可说的呢？近来有人用烧酒代炭，以为是个好办法，其实不知食物经过多次煮沸，总要变味。有人要问："菜冷了，怎么办？"我说："刚起锅的滚热之菜却不能使客人立刻吃完，而摆着直至冷凉，那这菜滋味的恶劣，也就可想而知了。"

♨ 戒强让

◎ 三字经

治具宴	客礼也	肴既上	理应当	凭客兴	举箸尝
精肥瘦	整齐碎	各有好	从客便	方是道	勿强让
常见主	以箸夹	堆客前	污盘碗	己不知	令人厌
须明晓	客非残	有手脚	有目眼	非儿童	非新妇
害羞者	忍饥饿	切莫以	村妪女	见解之	其慢客
也至矣	近社会	伴宴者	多此习	坐腿上	以箸筷
取饭菜	硬入口	类强奸	实可恶		

【原文】

治具宴客，礼也。然一肴既上，理宜凭客举箸，精肥整碎，各有所好，听从客便，方是道理，何必强让之？常见主人以箸夹取，堆置客前，污盘没碗，令人生厌。须知客非无手无目之人，又非儿童、新妇，怕羞忍饿，何必以村妪小家子之见解待之？其慢客也至矣！近日倡家，尤多此种恶习，以箸取菜，硬入人口，有类强奸，殊为可恶。长安有甚好请客而菜不佳者，一客问曰："我与君算相好乎？"主人曰："相好！"客跽而请曰："果然相好，我有所求，必允许而后起。"主人惊问"何求？"。曰："此后君家宴客，求免见招。"合坐为之大笑。

【释文】

　　设宴请客，是一种礼节。因而一菜上桌，理应请客人自己选择，精的肥的，整的碎的，各有所好，听从客人自便，这才是待客的道理。何必硬让强劝呢？我曾见到主人用筷子夹取食物堆放在客人面前，弄得盘污碗满，使人生厌。要知道客人并不是没手没眼的人，又不是儿童、新娘怕羞而强忍饥饿。那又何必用村婆小家子的见识来招待呢？这种做法怠慢客人真是到了极点。近来歌伎这种恶习更多。夹着菜硬往客人嘴里塞，这好比强奸，最为可恶。长安有位非常好请客之人，但菜肴却不佳。有位客人问主人道："我同你可算得上好朋友吧？"主人说："是要好的朋友。"客人长跪着说道："果真是好朋友的话，我有个请求，必须得到你的允许后才起来。"主人惊奇地问他有什么要求。客人说道："今后你家请客，千万不要再邀我了。"满桌的人听了为之大笑。

♨ 戒走油

◎ 三字经

凡鱼肉	鸡鸭鹅	虽极肥	总要使	油在肉	不落汤
其味存	使不散	肉中油	半落汤	则汤味	在肉外
推其源	其病三	一误于	大火猛	滚水干	重加水
二误于	火忽停	断复续	三病在	屡起盖	油必走

【原文】

　　凡鱼、肉、鸡、鸭，虽极肥之物，总要使其油在肉中，不落汤中，其味方存而不散。若肉中之油，半落汤中，则汤中之味，反在肉外矣。推原其病有三：一误于火太猛，滚急水干，重番加水；一误于火势忽停，既断复续；一病在于太要相度，屡起锅盖，则油必走。

【释文】

凡鱼、肉、鸡和鸭，虽是极肥的食物，但总要使它们的油脂藏在肉中，不落在汤中，这样，才能使本味保存不散。如果肉中的油脂有一半落到汤中，那么汤中的滋味反而在肉的外面了。造成这种弊病的原因有三：一是用火太猛，滚得太开，水烧干了，多次加水；二是火势突然停熄，火断再烧；三是察看锅中情状的心太切，锅盖揭开的次数多了，必然令油香丢失。

戒落套

◎ 三字经

唐诗词	五七言	诸试帖	名不选	此何为	落俗套
诗如此	食亦然	今官场	奉之菜	十六碟	号八簋
名四点	更有甚	诸多名	有满汉	八小吃	十大菜
多讲究	皆陋习	此菜式	只可用	新亲到	婿上门
官入境	讲排场	以敷衍	配椅披	围桌裙	插屏风
摆香案	三揖地	拜黄天	若家居	行欢宴	文开场
酒席筵	安可用	此恶套	必须要	盘参差	碗整齐
错杂进	方有名	贵之象	袁枚家	做寿筵	制婚席
不大办	五六桌	人手少	传外厨	亦不免	落俗套
然训之	练其卒	做规范	我驰驱	其味终	竟不同

【原文】

唐诗最佳，而五言八韵之试帖，名家不选，何也？以其落套故也。诗尚如此，食亦宜然。今官场之菜，名号有"十六碟"、"八簋"、"四点心"之称，有"满汉席"之称，有"八小吃"之称，有"十大菜"之称。种种俗名，皆恶厨陋习。只可用之于新亲上门、上司入境，以此敷衍；配上椅披、桌裙、插屏、香案，三揖百拜方称。若家居欢宴，文酒开筵，安可用此恶套哉？必须盘碗参差，整散杂进，方有名贵之气象。余家寿筵婚席，动至五六桌者，传唤外厨，亦不免落套。然训练之卒，范我驰驱者，其味亦终竟不同。

【释文】

诗以唐诗最佳，但五言八韵的试贴诗，名家不会选它，这是为什么？因为它落了俗套的缘故。诗尚且这样，食物落俗套被人厌弃，是理所当然的了。现在官场中的菜肴，名号有"十六碟"、"八大碗"、"四点心"之称，有"满汉全席"之称，有"八小吃"之称，或者"十大菜"之称。种种俗名，都是不好的厨师的陈规陋习。当新亲上门或上司路过时，用这一套来敷衍应付，并配上椅披、桌裙、屏风、香案，行三揖百拜的礼才相称。倘若家中欢宴亲友，吟诗唱和，怎么可以用这种陈腐烂套呢？只需盘碗的大小形制不一，所上的菜，有整有散，才有名贵的气象。我家举办寿筵婚席，总要有五六桌之多，请外面的厨师来做，也不免要落套。然而我把他们训练一番，最后也能照我家的规矩行事，但菜肴风味终究不同。

♨ 戒混浊

◎ 三字经

混浊者	并非浓	厚之谓	同一汤	看上去	非黑白
如缸中	搅浑水	同一卤	人食之	既不清	也不腻
就好如	染缸里	倒出浆	色及味	令人厌	救之法

料洗净	洁本身	善加料	察用水	伺用火	验酸咸
勿使切	菜在口	如隔皮	似隔膜	人不爽	庾子山
论文云	味索然	无真气	昏昏然	有俗心	即混浊
语之言	之所谓				

【原文】

混浊者，并非浓厚之谓。同一汤也，望去非黑非白，如缸中搅浑之水。同一卤也，食之不清不腻，如染缸倒出之浆。此种色味令人难耐。救之之法，总在洗净本身，善加作料，伺察水火，体验酸咸，不使食者舌上有隔皮隔膜之嫌。庾子山论文云："索索无真气，昏昏有俗心。"是即混浊之谓也。

【释文】

混浊，并不是浓厚的意思。有一种汤，看上去不黑不白，有如缸中搅浑的水；有一种卤，吃起来不清不腻，有如染缸里倒出来的浆水。这种颜色和气味，使人难以忍受。解救这种弊病的方法：全在于洗净食物的本身，善于用佐料，细心审察水量多少和火候大小，尝试酸咸是否适度，不使吃的人舌上有隔皮隔膜那种厌恶的感觉。庾子山评论文章中所说的"索然无味，没有生气，庸俗糊涂"，指的就是混浊这个意思。

♨ 戒苟且

◎ 三字经

凡作事	不苟且	于饮食	尤为甚	司厨者	尽小人
若一日	不赏罚	必怠玩	忘乎以	火未到	原谅了
转明日	出菜品	真味失	必更生	汝不语	则下次
做之羹	必草率	对厨者	断不能	空赏罚	需教导

其佳者　必指示　其所以　佳之由　其劣者　必寻求

其所以　劣之故　咸与淡　适其中　不可以　丝毫错

做加减　久与暂　得其当　不可以　任意行　厨偷安

食者懒　皆大弊　审问之　当明辨　为学者　之方也

勤指点　校短长　为师者　之道也

【原文】

　　凡事不宜苟且，而于饮食尤甚。厨者，皆小人下材，一日不加赏罚，则一日必生怠玩。火齐未到而姑且下咽，则明日之菜必更加生；真味已失，而含忍不言，则下次之羹必加草率。且又不止空赏空罚而已也。其佳者，必指示其所以能佳之由；其劣者，必寻求其所以致劣之故。咸淡必适其中，不可丝毫加减；久暂必得其当，不可任意登盘。厨者偷安，吃者随便，皆饮食之大弊。审问慎思明辨，为学之方也。随时指点，教学相长，作师之道也。于味何独不然也？

【释文】

　　做任何事都不可马虎，对于饮食更是如此。厨师多是社会地位低下、缺少知识的人，一天不加赏罚，就要怠惰玩忽。烧出的菜，火功不到，如果你勉强地咽下去不言语，那么明天的菜就更加生了。菜肴的真味已失，还忍耐着不去说他，那么下次的菜，必定烧得更加草率了。而且这种事情还会发展下去，这都因为你的赏罚落空的缘故。所以对烧得好的，必须指出所以烧得好的理由；对烧得不好的，必须找出其所以烧得不好的原因。务必使厨师做到咸淡适中，不可有丝毫的增减；火候的长短，必须用得恰当，决不能任意装盘。厨师贪图安逸方便，吃的人随随便便，这都是饮食生活中的大弊。"审问、慎思、明辨"是作学问的方法，"随时指点，教学相长"是为师之道，饮食又何尝不是这样呢？

海鲜单

古八珍并无海鲜之说。今世俗尚之，不得不吾从众。作『海鲜单』。

古八珍　无海鲜

之说法　今世俗

尚海鲜　都在讲

人亦云　不得已

顺从众　吾亦云

海鲜单

♨ 燕窝

◎ 三字经

海鲜首	燕窝篇	燕窝贵	不轻言	如用之	每一碗
须二两	先煮沸	天泉水	滚水泡	使之软	将银针
挑黑丝	用鸡汤	火腿汤	新蘑菇	三样汤	一齐滚
见燕窝	变玉色	官燕窝	乃极清	不可油	腻染之
燕此物	本至文	不可以	武物串	今人用	肉鸡丝
杂陈之	是吃鸡	吃肉丝	非吃燕	求空名	瞎捣乱
三钱燕	盖碗面	恰好似	少白发	老妪首	浮表面
不堪见	亦好似	真乞儿	卖贵富	反露出	穷酸脸
用蘑菇	嫩笋尖	鲫鱼肚	野鸡片	袁简斋	到粤东
杨明府	冬瓜燕	柔配柔	清入清	用鸡汁	蘑菇汁
调其味	作玉色	非纯白	菜亦佳		

【原文】

　　燕窝贵物，原不轻用。如用之，每碗必须二两，先用天泉滚水泡之，将银针挑去黑丝，用嫩鸡汤、好火腿汤、新蘑菇三样汤滚之，看燕窝变成玉色为度。此物至清，不可以油腻杂之；此物至文，不可以武物串之。今人用肉丝、鸡丝杂之，是吃鸡丝、肉丝，非吃燕窝也。且徒务其名，往往以三钱生燕窝盖碗面，如白发数茎，使客一撩不见，空剩粗物满碗。真乞儿卖富，反露贫相。不得已，则蘑菇丝、笋尖丝、鲫鱼肚、野鸡嫩片，尚可用也。余到粤东，杨明府冬瓜燕窝甚佳，以柔配柔，以清入清，重用鸡汁、蘑菇汁而已。燕窝皆作玉色，不纯白也。或打作团，或敲成面，俱属穿凿。

【释文】

　　燕窝是贵重的东西，原本不轻易使用。如果要用，每碗必须二两，先用烧开了的天然泉水泡发，再用银针挑去里面的黑丝，然后加嫩鸡汤、好火腿汤、新蘑菇三样汤煮滚，看到燕窝变成玉色就可以了。燕窝是至清的东西，不可将油腻的东西掺杂进去；燕窝又是质地最柔软的东西，不可以和质硬带骨的东西一起吃。现在人们喜欢掺杂着肉丝、鸡丝吃燕窝，这是吃鸡丝、肉丝，哪里是吃燕窝。并且只追求虚名，往往只用三钱生燕窝盖在碗面上，真好似几根白发，客人筷子一拨拉燕窝就看不见了，空剩下粗物满碗。真是乞儿卖富，反而露出穷酸相。其实，迫不得已时，蘑菇丝、笋尖丝、鲫鱼肚、野鸡嫩片，还是可以用的。我到粤东时，品尝到杨明府家的冬瓜燕窝，做得特别好，其实也就是以柔配柔，以清入清，多用鸡汁、蘑菇汁罢了。燕窝都是玉色的，而不是纯白的。那些把燕窝或者打成团，或者敲成面，都属于穿凿附会的做法。

♨ 海参三法

◎ 三字经

做海参	有三法	海参者	无味物	沙子多	气味腥
难讨好	最费工	参天性	味浓重	断不可	清汤煨
小刺参	先泡软	去沙泥	用肉汤	滚三次	鸡与肉
两种汁	红煨之	至极烂	辅佐料	用香蕈	秋木耳
以其色	黑相似	大抵是	明宴客	先一日	要煨上
参才烂	枚曾见	钱观察	私家厨	在夏日	用芥末
加鸡汁	拌参丝	凉食之	味甚佳	或切丁	配笋丁
香蕈丁	加鸡汤	小火煨	海参羹	味道丰	蒋侍郎
用腐皮	肥鸡腿	鲜蘑菇	煨海参	汁且浓	味亦佳

【原文】

海参，无味之物，沙多气腥，最难讨好。然天性浓重，断不可以清汤煨也。须检小刺参，先泡去沙泥，用肉汤滚泡三次，然后以鸡、肉两汁红煨极烂。辅佐则用香蕈、木耳，以其色黑相似也。大抵明日请客，则先一日要煨，海参才烂。尝见钱观察家，夏日用芥末、鸡汁拌冷海参丝，甚佳。或切小碎丁，用笋丁、香蕈丁入鸡汤煨作羹。蒋侍郎家用豆腐皮、鸡腿、蘑菇煨海参，亦佳。

【释文】

海参是无味的东西，并且含沙多，气味腥，最难做好。海参因天性浓重，决不可以用清汤煨它。须挑选小刺参，先泡发去掉泥沙，再用肉汤滚泡三次，然后用鸡、肉两汁红煨到极烂，辅料则可用香菇、木耳，因为这两样也都是黑颜色，和海参相似。大概明天请客，则先一天就要煨上，海参才能很烂。我曾见钱观察家夏天用芥末、鸡汁拌冷海参丝，非常好吃。或者把海参切成小碎丁，加上笋丁、香菇丁入鸡汤煨成羹汤。蒋侍郎家用豆腐皮、鸡腿、蘑菇煨海参，味道也很好。

♨ 鱼翅二法

◎ 三字经

鱼翅坚	最难烂	煮两日	方可摧	钢为柔	做鱼翅
有二法	火腿汁	好鸡汤	加鲜笋	冰糖许	以小火
慢煨烂	另一法	用鸡汤	串切细	萝卜丝	拆碎鳞
翅针掺	飘碗面	令食者	何为蒩	哪为翅	真与假
不能辨	又一法	用火腿	汤宜少	萝卜丝	汤宜多
以融洽	柔腻佳	参触鼻	翅跳盘	成笑话	吴道士

做鱼翅　取料精　去下鳞　用上根　有风味　萝卜丝
须出水　要二次　臭才去　郭耕礼　家有钱　翅炒菜
真妙绝　惜未能　传其方　空悲切　无能做　成绝响

【原文】

鱼翅难烂，须煮两日，才能摧刚为柔。用有二法：一用好火腿、好鸡汤，加鲜笋、冰糖钱许煨烂，此一法也；一纯用鸡汤串细萝卜丝，拆碎鳞翅搀和其中，飘浮碗面，令食者不能辨其为萝卜丝、为鱼翅，此又一法也。用火腿者，汤宜少；用萝卜丝者，汤宜多。总以融洽柔腻为佳。若海参触鼻，鱼翅跳盘，便成笑话。吴道士家做鱼翅，不用下鳞，单用上半原根，亦有风味。萝卜丝须出水二次，其臭才去。尝在郭耕礼家吃鱼翅炒菜，妙绝！惜未传其方法。

【释文】

鱼翅难烂，必须煮两天才能摧刚为柔。有两种做法：一种用好火腿、好鸡汤，加鲜笋、冰糖一钱左右煨烂，这是第一种方法；一种纯用鸡汤氽细萝卜丝，把鱼翅拆成细丝，搀和其中，让食客不能辨清漂浮在碗面上的，是萝卜丝还是鱼翅，这又是一种方法。用火腿的，汤宜少；用萝卜丝的，汤宜多，以达到融洽柔腻为好。如果没有发好，做出来的菜海参触鼻，鱼翅跳盘，便成了笑话。吴道士家做鱼翅，不用鱼翅的下半部分，单用上半原根，亦很有风味。萝卜丝必须出水二次，臭味才能去尽。我曾在郭耕礼家吃鱼翅炒菜，食味妙绝。可惜没有得到他的做法。

♨ 鲅鱼

◎ 三字经

鲅鱼者	即鲍鱼	得鲜鲅	炒薄片	味甚佳	韵无穷
杨中丞	鲅削片	用鸡汤	煨豆腐	滚千滚	放鲅片
陈糟油	调其味	鲅鱼片	煨豆腐	庄太守	大鲅鱼
煨整鸭	有风趣	而今人	则改块	食方便	但注意
鲅性坚	不煨透	难齿决	嚼不烂	用小火	煨三日
方拆碎	才能啖				

【原文】

鲅鱼炒薄片甚佳。杨中丞家削片入鸡汤豆腐中，号称"鲅鱼豆腐"；上加陈糟油浇之。庄太守用大块鲅鱼煨整鸭，亦别有风趣。但其性坚，终不能齿决。火煨三日，才拆得碎。

【释文】

鲅鱼炒薄片很好吃。 杨中丞家把鲅鱼削片加入鸡汤豆腐中， 号称"鲅鱼豆腐"，上面浇上陈糟油调味。 庄太守用大块鲅鱼煨整鸭， 也别有风味。 但鲅鱼肉性坚忍，时间短了很难嚼得动。 必须慢火煨三日， 才能煨烂。

♨ 淡菜

◎ 三字经

淡菜者	乃海红	叫淡菜	味不淡	不是菜	是贻贝
壳内肉	不一般	可红烧	可打卤	用煨肉	味颇鲜
取其肉	去其心	加汤煮	可酒炒	煨煮炒	都可以

【原文】

淡菜煨肉加汤，颇鲜。取肉去心，酒炒亦可。

【释文】

淡菜煨肉煮汤，味道颇鲜。将淡菜去掉内脏，以酒炒也可以。

♨ 海蝘

◎ 三字经 ---

宁波海　有小鱼　味如虾　叫海堰　在当地　用蒸蛋
味甚佳　作小菜

【原文】

海蝘，宁波小鱼也，味同虾米，以之蒸蛋甚佳。作小菜亦可。

【释文】

海蝘，是宁波的一种小鱼，味道同虾米。用海蝘蒸蛋羹很好吃。作小菜也可以。

♨ 乌鱼蛋

◎ 三字经 ---

海八珍　乌鱼蛋　味最鲜　加工难　须河水　煮滚透
撒其沙　去其臊　加鸡汤　整蘑菇　文火炖　慢煨烂
龚云若　司马家　做此菜　最精妙　而今人　多拆片
鸡汤烩　加胡椒　加米醋　勾薄芡

【原文】

乌鱼蛋最鲜，最难服事。须河水滚透，撤沙去臊，再加鸡汤、蘑菇煨烂。龚云若司马家，制之最精。

【释文】

乌鱼蛋味道最鲜，却最难收拾。必须用河水烧滚烧透，这样才能洗去沙粒和臊味，然后再加鸡汤、蘑菇煨烂。龚云若司马家制作的乌鱼蛋最精美。

♨ 江瑶柱

◎ 三字经

江瑶柱	出宁波	此物干	名干贝	此物鲜	曰瑶柱
干者鲜	鲜者嫩	制作法	蚶蛏同	其鲜脆	在于柱
故剖时	取肉柱	宜多弃	而少取		

【原文】

江瑶柱出产宁波，治法与蚶、蛏同。其鲜脆在柱，故剖壳时，多弃少取。

【释文】

江瑶柱出产在宁波，做法与蚶子、蛏子相同。江瑶柱鲜脆都在肉柱部分，所以剖壳时多弃掉一些无用的部分，才能得到小部分精华。

♨ 蛎黄

◎ 三字经

蛎黄生 石子上 壳与石 如胶粘 分不开 剥蛎壳
取蛎肉 作蛎羹 与蚶蛤 有相同 蛎一名 叫鬼眼
在乐清 奉化县 是土产 别地无

【原文】

蛎黄生石子上。壳与石子胶粘不分。剥肉做羹，与蚶、蛤相似。一名鬼眼。乐清、奉化两县土产，别地所无。

【译文】

蛎黄生长在石子上，壳与石子粘得很紧，很难分开。剥出蛎黄肉做成羹，与蚶、蛤相似。蛎黄还有一个名字叫鬼眼。蛎黄是乐清、奉化两县的土产，别的地方没有。

江鲜单

郭璞『江赋』鱼族甚繁。今择其常有者治之。作『江鲜单』。

郭璞君　做江赋

鱼族繁　择其常

经常治　常见的

集一篇　江鲜单

♨ 刀鱼二法

◎ 三字经

制刀鱼	有二法	用蜜酒	清酱蒸	放盘中	如鲥鱼
去蒸之	法最佳	不加水	嫌刺多	极快刀	取鱼片
用钳抽	去其刺	用鸡汤	火腿汤	笋汤煨	鲜妙绝
金陵人	畏刺多	竟用油	炙极枯	然后煎	干得乎
俗谚云	驼背弯	硬夹直	人不活	或用刀	将鱼背
斜切之	使碎骨	尽断之	再下锅	煎黄后	加作料
临食时	竟不知	鱼有骨	此妙法	乃芜湖	陶大太
秘制法	不示人				

[原文]

刀鱼用蜜酒酿、清酱，放盘中，如鲥鱼法，蒸之最佳，不必加水。如嫌刺多，则将极快刀刮取鱼片，用钳抽去其刺，用火腿汤、鸡汤、笋汤煨之，鲜妙绝伦。金陵人畏其多刺，竟油炙极枯，然后煎之。谚曰："驼背夹直，其人不活。"此之谓也。或用快刀，将鱼背斜切之，使碎骨尽断，再下锅煎黄，加作料。临食时竟不知有骨：芜湖陶大太法也。

[释文]

刀鱼加上蜜酒酿、清酱稍沾腌，放在盘中，用做鲥鱼的方法清蒸最好，不必加水。如果嫌鱼刺多可以用特别快的刀把鱼批成鱼片，再用钳子抽出鱼刺，然后用火腿汤、鸡汤、笋汤煨煮，鲜美无比。金陵人害怕刀鱼多刺，竟然先用油把鱼炸到枯干，然后再煎。谚语说："为驼背人夹背，其人非死不可。"说的正是这种做法呀。或者用快刀从鱼背斜切，使碎骨尽断，再下锅煎黄，加佐料。临食时，竟不知道鱼中有骨。这是芜湖陶大太的做法。

♨ 鲥鱼

◎ 三字经

蒸鲥鱼	不打鳞	加蜜酒	如刀鱼	制法佳	不虚夸
或油煎	加清酱	加酒酿	味亦绝	万不可	切碎块
加汤煮	更不可	去其背	专取肚	如此做	错漏谬
鱼真味	尽失矣				

【原文】

鲥鱼用蜜酒蒸食，如治刀鱼之法便佳。或竟用油煎，加清酱、酒酿亦佳。万不可切成碎块，加鸡汤煮，或去其背，专取肚皮，则真味全失矣。

【释文】

鲥鱼用蜜酒清蒸吃，如同做刀鱼的方法已是很好。也有先用油煎，再加清酱、酒酿，也好。最不可取的是把鱼切成碎块，加鸡汤煮，或去掉鱼背，专取肚皮，这么做，鲥鱼的真味就全失掉了。

♨ 鲟鱼

◎ 三字经

鲟是鲟	鳇是鳇	鲟鳇者	鱼之王	尹文端	常自夸
治鲟鳇	他最佳	枚尝后	不为然	煨太熟	嫌重浊
惟苏州	吃唐氏	炒鳇鱼	片最佳	其制法	鳇切片
油泡之	加绍酒	放秋油	大火滚	三十次	加入水
开再滚	起锅时	加作料	放酱瓜	姜葱花	又一法
将鲟鱼	白水煮	滚十滚	去大骨	肉切成	小方块

取明骨	切方块	好鸡汤	要去沫	先明骨	煨八分
下绍酒	加秋油	再下肉	煨二分	熟起锅	最后加
葱椒韭	要重用	老姜汁	一大杯		

[原文]

尹文端公，自夸治鲟鳇最佳。然煨之太熟，颇嫌重浊。惟在苏州唐氏，吃炒鳇鱼片甚佳。其法切片油炮，加酒、秋油滚三十次，下水再滚起锅，加作料，重用瓜、姜、葱花。又一法：将鱼白水煮十滚，去大骨，肉切小方块；取明骨，切小方块；鸡汤去沫，先煨明骨八分熟，下酒、秋油，再下鱼肉，煨二分烂起锅，加葱、椒、韭，重用姜汁一大杯。

[释文]

尹文端先生自夸做鲟鳇最好吃。但我觉得他做的鲟鳇煨得太熟，口味似乎太重了。只有在苏州唐氏处吃的炒鳇鱼片很好，方法是：鱼切片，旺火急炒，加酒、秋油滚三十次，加水再烧开，起锅，加作料，多些用嫩瓜嫩姜和葱花。还有一种做法：把鱼白水煮十滚，去掉大骨，把肉切成小方块；取出鱼的脆骨，也切成小方块。鸡汤去沫，先把脆骨炖到八分熟，下酒、酱油，再下鱼肉，煨二分烂起锅，最后加葱、椒、韭和一大杯姜汁即可。

♨ 黄鱼

◎ 三字经

大黄鱼	切小块	酱酒郁	一时辰	沥干汤	入锅爆
两面黄	加豆豉	酒一碗	好秋油	一小杯	共同煮
候卤干	色发红	加白糖	加酱姜	汁收起	有沉浸
浓郁妙	又一法	将黄鱼	拆碎了	入鸡汤	做鱼羹
微用酱	少芡粉	汁收起	味亦佳	大抵上	做黄鱼
味浓厚	不可清				

【原文】

黄鱼切小块，酱酒郁一个时辰，沥干。入锅爆炒，两面黄，加金华豆豉一茶杯、甜酒一碗、秋油一小杯，同滚。候卤干色红，加糖、加瓜姜收起，有沉浸浓郁之妙。又一法：将黄鱼拆碎，入鸡汤作羹，微用甜酱水，纤粉收起之，亦佳。大抵黄鱼亦系浓厚之物，不可以清治之也。

【释文】

黄鱼切成小块，用酱酒腌一个时辰，沥干。入锅爆炒，等到两面黄时，加金华豆豉一茶杯、甜酒一碗、秋油一小杯一同烧开。等到卤干色红，加糖、加瓜姜起锅。这么做有沉浸浓郁之妙。还有一种做法：将黄鱼拆碎，加进鸡汤里作成羹，稍用甜酱水，最后加芡粉收起，也很好。黄鱼基本上属于需要做得口味浓厚的食物，不可做得太清淡。

♨ 斑鱼

◎ 三字经

斑鱼者	号河豚	斑鱼嫩	要剥皮	去秽物	分肝肉
宜单放	以鸡汤	煨煮之	下黄酒	量三分	水二分
好秋油	放一分	起锅时	加姜汁	葱数茎	去腥气

【原文】

斑鱼最嫩，剥皮去秽，分肝、肉二种，以鸡汤煨之，下酒三分、水二分、秋油一分。起锅时，加姜汁一大碗，葱数茎，杀去腥气。

【释文】

斑鱼肉最嫩，剥去皮去掉内脏，把鱼肝、鱼肉分开，用鸡汤煨，加酒三分，水二分，酱油一分。起锅时，加姜汁一大碗，葱几根，用以祛除腥气。

♨ 假蟹

◎ 三字经

煮黄鱼	要二条	熟取肉	去其骨	加四只	生盐蛋
调均匀	不拌入	黄鱼肉	起油锅	下鸡汤	将盐蛋
搅拌匀	加香蕈	葱姜汁	加黄酒	色金黄	如蟹膏
临吃时	酌用醋				

【原文】

煮黄鱼二条，取肉去骨，加生盐蛋四个，调碎，不拌入鱼肉；起油锅炮，下鸡汤滚，将盐蛋搅匀，加香蕈、葱、姜汁、酒。吃时酌用醋。

【释文】

黄鱼两条煮熟，取肉去骨。准备生盐蛋四个，打散，先不拌入鱼肉。起油锅急炒鱼肉，然后放入鸡汤烧滚，下盐蛋搅匀入锅，最后加香菇、葱、姜汁、酒等。吃时可适量用醋。

特牲单

猪用最多，可称广大教主。宜古人有特豚馈食之礼。作『特牲单』。

特牲单　　猪为先

统食材　　菜最全

烹饪中　　各种变

大教主　　甚可观

古人祀　　豚祭天

还可以　　来解馋

♨ 猪头二法

◎ 三字经

取猪头	五斤重	清洗净	甜酒共	要三斤	猪头用
七八斤	甜酒同	用五斤	下锅中	同酒煮	下京葱
三十根	八角众	放三钱	先煮融	二百滚	秋油送
一大杯	糖一两	待熟后	咸淡赏	再调味	加减忙
添开水	根据量	猪头面	漫过江	压重物	大火罡
退大火	一炷香	改文火	汁收干	腻为度	最悠然
煨烂后	锅盖翻	迟走油	不一般	制猪头	又一法
大木桶	仔细码	在中间	隔铜帘	将猪头	洗净先
加作料	闷桶中	用文火	需慢工	隔汤蒸	妙无穷
猪头熟	味甚浓				

【原文】

洗净。五斤重者，用甜酒三斤；七八斤者，用甜酒五斤。先将猪头下锅同酒煮，下葱三十根、八角三钱，煮二百余滚，下秋油一大杯、糖一两。候熟后，尝咸淡，再将秋油加减。添开水要漫过猪头一寸，上压重物；大火烧一炷香，退出大火，用文火细煨收干，以腻为度。烂后即开锅盖，迟则走油。一法：打木桶一个，中用铜帘隔开，将猪头洗净，加作料闷入桶中，用文火隔汤蒸之，猪头熟烂，而其腻垢悉从桶外流出，亦妙。

【释文】

猪头都先洗净。五斤重的，用甜酒三斤；七八斤重的，用甜酒五斤。先把猪头下锅同酒一起煮，放葱三十根、八角三钱，煮二百余滚后，加秋油一大杯、糖一两。等到猪头熟了，尝尝咸淡，再决定酱油加减的数量。添开水时水要漫过猪头一寸， 上面压上重物。 先用大火烧一炷香时间， 再退出大火， 改用文火细煨收干， 以口感柔腻为度。 肉烂后当即揭开锅盖， 迟了就会走油。 还有一个方法： 做一个木桶， 中间用铜帘隔开， 将猪头洗净， 加上作料腌在桶里（ 把木桶放在屉里 ）。 用文火隔水蒸， 如此猪头熟烂， 而其本身油腻的东西都从桶外流出了。 这个法子也很妙。

♨ 猪蹄四法

◎ 三字经

寻美味	猪蹄膀	白水煮	倒去汤	加一斤	黄酒浆
清酱油	半杯香	老陈皮	放一钱	四五个	红枣甜
蹄与料	同煨烂	用葱椒	妙无言	酒泼入	起锅前
又一法	用虾米	煎成汤	替代水	加绍酒	秋油煨
第三法	用蹄膀	洗净后	煮熟香	将素油	灼皱皮
加作料	红煨宜	有土人	好稀奇	先掇肉	食其皮
自号称	味至极	揭单被	无能敌	第四法	用蹄膀
两钵合	黄酒浆	有秋油	分外强	隔水蒸	二枝香
神仙肉	实难忘	钱观察	美名扬		

[原文]

蹄膀一只，不用爪，白水煮烂，去汤；好酒一斤，清酱、酒杯半，陈皮一钱，红枣四五个，煨烂。起锅时，用葱、椒、酒泼入，去陈皮、红枣。此一法也。又一法：先用虾米煎汤代水，加酒、秋油煨之。又一法：用蹄膀一只，先煮熟，用素油灼皱其皮，再加作料红煨。有土人好先掇食其皮，号称"揭单被"。又一法：用蹄膀一个，两钵合之，加酒，加秋油，隔水蒸之，以二枝香为度，号"神仙肉"。钱观察家制最精。

【释文】

蹄膀一只，去掉爪子部分，先用白水煮烂，去汤；然后加好酒一斤，清酱、酒各一杯半，陈皮一钱，红枣四五个，煨烂。起锅时，把葱、椒、酒泼入，去掉陈皮、红枣。这是一种方法。又一种方法：先用虾米煎汤代替白水，再下猪蹄，加酒、酱油煨熟。又一种方法：用蹄膀一只，先煮熟，把素油烧热，让蹄膀在其中走油直至皮皱，再加作料红烧。有当地人喜欢先吃撕下来的蹄膀皮，号称"揭单被"。不有一种方法：用蹄膀一个，放进合扣的两钵之间，加酒、加酱油，隔水蒸，大约蒸二炷香的工夫即可，号称"神仙肉"。钱观察家制作的，最为精美。

猪爪猪筋

◎ 三字经

取猪爪　煮熟香　剔大骨　用鸡汤　清煨之　味道强
蹄筋味　爪一样　可搭配　可独享

【原文】

专取猪爪，剔去大骨，用鸡肉汤清煨之。筋味与爪相同，可以搭配；有好腿爪，亦可搀入。

【释文】

专门选取猪爪，剔去大骨，用鸡肉清汤煨熟。猪蹄筋味道与猪爪相同，还可以和其他食料搭配成菜肴。有好的腿爪也可以搀进去。

♨ 猪肚二法

◎ 三字经

肚洗净	取肚尖	极厚处	拿刀片	上下皮	用中间
切骰丁	滚油煎	旺火炒	紧加鞭	添作料	宜简单
速起锅	脆又鲜	此油爆	不一般	北人法	最为佳
水爆肚	味不差	佘水爆	浪翻花	小料美	顶呱呱
南人喜	水煮汤	加酒煨	二枝香	煨极烂	盐蘸上
食亦可	加鸡汤	添作料	煨烂状	再微熏	不一样
切成片	格外香				

【原文】

将肚洗净，取极厚处，去上下皮，单用中心，切骰子块；滚油炮炒，加作料起锅，以极脆为佳。此北人法也。南人白水加酒煨二枝香，以极烂为度，蘸清盐食之，亦可；或加鸡汤、作料煨烂，熏切亦佳。

【释文】

将猪肚洗干净，取最厚的部位，去掉上下皮，单用中心部分，切成骰子块大小；滚油急炒，加作料起锅，口感以极脆为佳。这是北方人的做法。南方人用白水加酒煨二炷香的工夫，以煨到极烂为度，蘸着清盐吃也可以；或者加鸡汤、作料煨烂，做酱肚切片吃也很好。

猪肺二法

◎ 三字经

洗猪肺	最困难	用清水	肺里灌	除肺血	白净干
剔包衣	第一先	须敲之	再仆之	然挂之	再倒之
割其膜	抽其管	工夫细	莫偷懒	用酒水	滚一天
又一夜	才算完	肺缩小	如一片	白芙蓉	浮汤面
再加料	烂泥般	汤西崖	品味鲜	宴宾客	碗四片
四肺矣	全搞掂	肺拆碎	鸡汤煎	煨亦可	妙无言
加野鸡	汤更鲜	入火腿	味斑斓		

【原文】

洗肺最难，以洌尽肺管血水、剔去包衣为第一著。敲之，仆之，挂之，倒之；抽管、割膜工夫最细。用酒水滚一日一夜。肺缩小如一片白芙蓉，浮于汤面。再加作料，上口如泥。汤西崖少宰宴客，每碗四片，已用四肺矣。近人无此工夫，只得将肺拆碎，入鸡汤煨烂亦佳。得野鸡汤更妙，以清配清故也。用好火腿煨亦可。

【释文】

猪肺最难洗净，洗时放尽肺管里的血水，剔去外面的薄膜最为重要。洗时要用各种方法，或敲，或拍，或挂起来，或倒一倒；其中抽管、割膜，需要的工夫最为细致。洗好后用酒水滚煮一日一夜，肺就缩小到像一片白芙蓉漂浮在汤面上。这时再加作料，吃起来软烂如泥。汤西崖少宰请客有这道菜，每碗看起来只放了四片，其实已用四个猪肺了。现在的人没有这样的制作工夫，只得将肺拆碎，加入鸡汤煨烂，也很好吃。如能有野鸡汤煨煮就更妙，这是清淡配清淡的缘故。用上好火腿煨煮也可以。

♨ 猪腰

◎ 三字经

炒腰片	枯则木	腰炒嫩	血水吐	似不熟	生疑处
尽煨烂	尚不如	蘸椒盐	味道足	或加料	要适度
煨猪腰	手择入	莫刀切	要记住	一日工	如泥物
此物臊	独用处	断不可	掺荤素	腰夺味	臊腥固
做猪腰	有技术	煨三刻	如老夫	煨一日	嫩且酥
须研究	漫长路				

【原文】

　　腰片，炒枯则木，炒嫩则令人生疑；不如煨烂，蘸椒盐食之为佳。或加作料亦可。只宜手摘，不宜刀切。但须一日工夫，才得如泥耳。此物只宜独用，断不可搀入别菜中，最能夺味而惹腥。煨三刻则老，煨一日则嫩。

【释文】

　　腰片，炒老了口感发柴，炒嫩了则让人觉得没做熟。不如把它煨烂了蘸椒盐吃最好。或加其他作料也可以。原料加工时要用手掐成块，不要用刀切。要煨一天的工夫，才能软烂如泥。猪腰只适合单独使用，万不可搀入别的菜肴中，因为它最能盖过别的菜味而使整个菜染上腥臊气。猪腰煨三刻可能很老，但煨一天却可能很酥嫩。

♨ 猪里肉

◎ 三字经

猪里脊	嫩且精	很多人	不识情	谢蕴山	大有名
太守席	受好评	里脊肉	有耳闻	食而甘	味美珍
切薄片	用芡粉	上薄浆	虾汤焖	加香蕈	紫菜跟
熟便起	馋煞人				

【原文】

猪里肉，精而且嫩。人多不食。尝在扬州谢蕴山太守席上，食而甘之。云以里肉切片，用纤粉团成小把，入虾汤中，加香蕈、紫菜清煨，一熟便起。

【释文】

猪里脊都是精肉而且鲜嫩，但许多人却不知道怎么做更好吃。我曾在扬州谢蕴山太守宴席上吃到他们做的里脊肉，味道非常好。人家告诉我做法是，把里脊肉切成片，用芡粉团成小把，放进虾汤中，加香菇、紫菜等清煨，一熟便捞起。

♨ 白片肉

◎ 三字经

自养猪	先宰屠	入汤锅	八分熟	泡汤中	一时辰
后捞起	须留神	片薄片	要认真	不冷热	温可人
此满族	之根本	南人效	无窍门	且市购	亦难闻
寒士客	从不问	宁燕窝	鲍翅焖	厌白肉	空遗恨
煮白肉	顶呱呱	小刀片	肥瘦搭	肉带皮	横斜杂
蘸调味	方为佳				

【原文】

须自养之猪，宰后入锅，煮到八分熟，泡在汤中，一个时辰取起。将猪身上行动之处，薄片上桌，不冷不热，以温为度。此是北人擅长之菜。南人效之，终不能佳。且零星市脯，亦难用也。寒士请客，宁用燕窝，不用白片肉，以非多不可故也。割法须用小快刀片之，以肥瘦相参、横斜碎杂为佳，与圣人"割不正不食"一语，截然相反。其猪身，肉之名目甚多。满洲"跳神肉"最妙。

【释文】

做白片肉必须是自家养的猪，宰杀后入锅煮到八分熟，再泡在汤中一个时辰，取出来。将前腿后腿肉切成薄片上桌，上桌时要不冷不热，以温为度。这是北方人擅长的做法。南方人照着做，却始终不能做到很好，并且从市场上买回来一点点肉，也很难做好白片肉。寒士请客，宁肯用燕窝也不用白片肉，就是因为做白片肉需要肉量很大的缘故。割肉时必须用小快刀来片，以肥瘦相参、横斜碎杂为佳，与圣人"肉切得不方不正不吃"的话截然相反。用猪身肉做成的菜名目很多，满洲祭祀时用的"跳神肉"为最好。

♨ 红煨肉三法

◎ 三字经

红煨肉	用甜酱	或秋油	要适量	每斤肉	不能忘
盐三钱	往里放	纯酒煨	必浓香	若用水	须熬干
三种法	色红鲜	如琥珀	一样般	糖炒色	莫添乱
早起锅	黄色现	恰合适	可装盘	锅起迟	变紫颜
精转硬	日本船	常揭盖	油走干	其味道	油中现
割肉方	要烂倒	不见棱	有高招	肉入口	乐淘淘
精肉化	嫩不老	俗谚云	得记牢	紧火粥	方为好
慢火肉	须煨爤	至理言	深切要		

【原文】

　　或用甜酱，或用秋油，或竟不用秋油、甜酱。每肉一斤，用盐三钱，纯酒煨之；亦有用水者，但须熬干水气。三种治法皆红如琥珀，不可加糖炒色。早起锅则黄，当可则红，过迟红色变紫，而精肉转硬。常起锅盖，则油走，而味都在油中矣。大抵割肉虽方，以烂到不见锋棱、上口而精肉俱化为妙。全以火候为主。谚云："紧火粥，慢火肉。"至哉言乎！

【释文】

　　做红煨肉， 有的用甜酱， 或者用酱油， 或者酱油、 甜酱都不用。 每一斤肉，用盐三钱， 纯用酒煨熟； 也有用水煨煮的， 但必须熬干水气。 三种方法做的红煨肉都色红如琥珀， 因此不可再加糖炒制酱色。 起锅过早肉颜色是黄的， 刚合适则是红的， 过迟则红色变成紫色， 而精肉也变得老硬。 常揭锅盖就会走油， 而味道都在油汁中。 大概开始时肉都切成方块， 最后以烂到看不见肉上的锋棱， 并且精肉入口即化为妙。 这道菜最主要的是要掌握好火候。 谚语说："紧火粥， 慢火肉。" 说得真是太对了！

♨ 白煨肉

◎ 三字经

一斤肉	白水煮	八分熟	起去汤	酒半斤	盐二钱
小火煨	一时辰	用原汤	加一半	滚干汤	肉腻止
加葱椒	及木耳	与韭菜	配齐全	讲火候	武转文
又一法	不相同	肉一斤	糖一钱	酒半斤	水一斤
清酱油	半茶杯	先放酒	把肉滚	二十次	加茴香
莫多放	整一钱	用水闷	肉亦佳		

【原文】

每肉一斤，用白水煮八分好，起出去汤；用酒半斤、盐二钱半，煨一个时辰；用原汤一半加入，滚干，汤腻为度；再加葱、椒、木耳、韭菜之类。火先武后文。又一法：每肉一斤，用糖一钱、酒半斤、水一斤、清酱半茶杯；先放酒，滚肉一二十次，加茴香一钱，加水闷烂，亦佳。

【释文】

一般以肉一斤，用白水煮到八成熟时，起出；去掉汤。加酒半斤、盐二钱半，煨一个时辰；再加入原来一半煮肉的汤烧滚，直到汤汁变腻为止；这时再加葱、椒、木耳、韭菜之类。先用武火，后用文火。还有一种方法：肉一斤，用糖一钱、酒半斤、水一斤、清酱半茶杯。先放酒，把肉烧滚一二十次，加茴香一钱，再放水闷烂，也很好。

♨ 油灼肉

◎ 三字经

短硬肋	切方块	去筋袢	是要害	酒酱腌	滚油盖
炮炙之	真不赖	肥不腻	瘦不柴	精肉松	味不歹
将起锅	葱蒜在	醋喷之	人馋坏		

【原文】

用硬短勒切方块，去筋礕，酒酱郁过，入滚油中炮炙之，使肥者不腻，精者肉松；将起锅时，加葱、蒜，微加醋喷之。

【释文】

把五花肉去掉筋膜，切成方块，用酒、酱腌浸一下，放进滚油中旺火急炒，这样可使肥肉不腻，瘦肉酥松；快起锅时，加葱、蒜，稍加点醋喷一下。

♨ 干锅蒸肉

◎ 三字经

小磁钵	肉切方	加甜酒	大钵装	加秋油	口封上
放锅内	莫要慌	用文火	忌强罡	干蒸之	两枝香
不用水	在里厢	秋油酒	钵中藏	需多寡	肉相当
以盖满	正合量	肉面平	最适当	须牢记	不能忘

【原文】

用小磁钵，将肉切方块，加甜酒、秋油，装大钵内，封口，放锅内，下用文火干蒸之。以两枝香为度。不用水，秋油与酒之多寡，相肉而行，以盖满肉面为度。

【释文】

把肉切成方块，加甜酒、酱油，装进小磁钵，再把小磁钵装进大钵内，封上口，然后放进锅内，下面用文火干蒸。时间以燃尽两枝香为度。不用加水，酱油与酒的多少，根据肉量来定，以盖满肉面为标准。

♨ 盖碗装肉

◎ 三字经

碗装肉	放手炉	制做法	与前同

【原文】

放手炉上。法与前同。

【释文】

盖碗装肉， 方法与前面干锅蒸肉相同， 只是用盖碗装肉， 放手炉上干蒸。

♨ 磁坛装肉

◎ 三字经

放砻糠　中慢煨　须封口　法前同

【原文】

放砻糠中慢煨。法与前同。总须封口。

【释文】

把装好肉的磁坛放在稻壳火灰中慢慢煨熟。 方法与前面相同。 一定要把坛口封好。

♨ 脱沙肉

◎ 三字经

肉去皮	刀切碎	一斤肉	三鸡蛋	蛋要全	青黄俱
调拌肉	再斩碎	入秋油	半酒杯	葱末拌	加网油
一大张	裹成形	用菜油	放四两	煎两面	呈金黄
沥去油	入好酒	一茶杯	清酱汁	半酒杯	煨闷透
切成片	肉面上	加韭菜	香蕈笋	料配全	肉始成

【原文】

去皮切碎， 每一斤用鸡子三个， 青黄俱用， 调和拌肉；再斩碎， 入酱油半酒杯、葱末拌匀，用网油一张裹之；外再用菜油四两煎两面，起出，去油；用好酒一茶杯、清酱半酒杯，闷透，提起切片。肉之面上加韭菜、香蕈、笋丁。

【释文】

　　猪肉去皮切碎，每一斤肉用三个鸡蛋，蛋青蛋黄都用，打碎调和拌肉。再把肉斩得更碎，加入半酒杯酱油、葱末拌匀，然后用一张网油把肉裹起来。再用四两菜油把肉两面煎一下，起出，不要油；加一茶杯好酒、半酒杯清酱闷透，拿出切片。肉上面加韭菜、香菇、笋丁即可。

♨ 晒干肉

◎ 三字经

切薄片　猪精肉　烈日晒　干为度　大头菜　宜陈年
切成片　夹其中　干炒成　味不同

【原文】

切薄片精肉，晒烈日中，以干为度。用陈大头菜，夹片干炒。

【释文】

　　把精肉切成薄片，在烈日中曝晒，晒干即可。吃时用陈年大头菜和肉片一起干炒。

♨ 火腿煨肉

◎ 三字经

好火腿　切方块　冷水滚　二三次　汤沥干　将猪肉
亦切块　冷水滚　三二次　沥干毕　将二者　清水煨
锅内入　酒四两　葱椒笋　和香蕈

【原文】

火腿切方块，冷水滚三次，去汤沥干；将肉切方块，冷水滚二次，去汤沥干。放清水煨，加酒四两、葱、椒、笋、香蕈。

【释文】

把火腿切成方块，加入冷水中烧滚三次，去汤沥干；把肉也切成方块，加入冷水烧滚两次，去汤沥干。然后把这两样一起放在清水里煨，加入酒四两、葱、椒、笋、香菇。

♨ 台鲞煨肉

◎ 三字经

鲞煨肉　味隽永　火煨肉　一般同　鲞易烂　先煨送
肉八分　加鲞共　如凉食　号鲞冻　绍兴人　过年弄
鲞不佳　不能用

【原文】

法与火腿煨肉同。鲞易烂，须先煨肉至八分，再加鲞。凉之，则号"鲞冻"。绍兴人菜也。鲞不佳者，不必用。

【释文】

烹制方法与火腿煨肉相同。 台鲞很容易烂， 因此必须先把肉煨到八成熟， 然后再加台鲞同煨。 熟后晾凉， 这就叫"鲞冻"。 这是一道绍兴菜。 不好的台鲞， 就不要食用。

♨ 粉蒸肉

◎ 三字经

肥瘦肉	切成条	炒米粉	金黄貌	拌面酱	和大料
上锅蒸	妙处高	下白菜	作垫靠	菜熟时	肉鲜好
菜亦美	人倾倒	此菜干	为切要	不见水	很独到
江西人	有绝妙	擅此菜	广而告		

【原文】

用精肥参半之肉，炒米粉黄色，拌面酱蒸之，下用白菜作垫。熟时不但肉美，菜亦美。以不见水，故味独全。江西人菜也。

【释文】

做粉蒸肉要用肥瘦参半的肉。 把米粉炒成黄色， 加上面酱和肉一起拌好， 上笼屉蒸。 肉下面可用白菜垫底。 菜熟后不但肉的味道很美， 白菜的味道也很香。 因为是隔着水蒸， 肉味没有流失， 因而得以保全。 这是一道江西菜。

♨ 熏煨肉

◎ 三字经

五花肉	以秋油	加黄酒	先煨肉	成熟后	带汁熏
熏炉里	放木屑	略熏之	不可久	半干湿	香嫩鲜
吴小谷	广文家	制精极	无匹敌		

【原文】

先用酱油、酒将肉煨好，带汁上木屑，略熏之，不可太久，使干湿参半。香嫩异常。吴小谷广文家，制之精极。

【释文】

先用酱油、酒将肉煨好，然后带汁用木屑略微熏一下，时间不要太长。见肉干湿参半即可。这道菜香嫩异常。吴小谷教官家做的，最精到。

♨ 芙蓉肉

◎ 三字经

取精肉	斤切片	清酱腌	再风干	但则需	一时辰
大虾肉	四十个	猪肥油	取二两	切骰块	将虾肉
放肉上	一只虾	一块肉	捶敲扁	放滚水	熟撩起
熬菜油	小半斤	将肉片	放漏勺	滚油灌	使之熟
加秋油	半酒杯	酒一杯	好鸡汤	一茶杯	熬滚后
浇肉上	加蒸粉	葱椒末	再起锅		

【原文】

精肉一斤切片，清酱拖过，风干一个时辰。用大虾肉四十个，猪油二两，切骰子大，将虾肉放在猪肉上。一只虾一块肉，敲扁，将滚水煮熟撩起。熬菜油半斤，将肉片放在有眼铜勺内，将滚油灌熟，再用酱油半酒杯、酒一杯、鸡汤一茶杯，熬滚，浇肉片上，加蒸粉、葱、椒糁上起锅。

【释文】

精肉一斤切成片，在清酱里拖一下，风干一个时辰。用大虾肉四十个，猪板油二两，切成骰子大小，将虾肉放在猪肉上。一块肉放入一只虾，敲扁，下滚水中煮熟捞起。熬菜油半斤，将肉片放在铜漏勺内，用滚油浇淋，直到肉熟。再把半酒杯酱油、一杯酒、一茶杯鸡汤熬滚，浇在肉片上。最后在上面加蒸粉、葱、椒打捞起锅。

♨ 荔枝肉

◎ 三字经

用肉切	骨牌片	放锅中	水白煮	三十滚	再捞起
熬菜油	大半斤	将肉块	放入灼	炸透起	冷水激
肉皱后	就捞起	放入锅	酒半斤	清酱油	一小杯
水半斤	煨煮烂				

【原文】

用肉切大骨牌片，放白水煮二三十滚，撩起；熬菜油半斤，将肉放入炮透，撩起；用冷水一激，肉皱，撩起；放入锅内，用酒半斤、清酱一小杯、水半斤，煮烂。

【释文】

把肉切成大骨牌大小的片， 放进白水中煮二三十滚， 捞起。 半斤菜油熬热，
放肉进去大火急炒， 用冷水一激， 肉变皱即捞起。 肉再放回锅里， 加酒半斤、 清
酱一小杯、 水半斤， 把肉煮烂。

♨ 八宝肉

◎ 三字经

肉一斤	精肥半	白水煮	二十滚	用刀切	柳叶片
小淡菜	鹰爪茶	花海蜇	各二两	好香菇	加一两
胡桃肉	取四个	要去皮	放笋片	小四两	好火腿
来二两	加麻油	一小两	肉入锅	放秋油	酒煨至
五分熟	加八宝	其余物	花海蜇	在最后	

【原文】

用肉一斤， 精、 肥各半， 白煮一二十滚， 切柳叶片。 小淡菜二两、 鹰
爪二两、 香蕈一两、 花海蜇二两、 胡桃肉四个去皮， 笋片四两、 好火腿二
两、 麻油一两。 将肉入锅， 酱油、 酒煨至五分熟， 再加余物， 海蜇下在最
后。

【释文】

用肉一斤， 肥瘦各一半， 用白水煮一二十滚， 切成柳叶片状。 准备小淡菜二
两、 鹰爪二两、 香菇一两、 花海蜇二两、 去皮核桃肉四个、 笋片四两、 好火腿
二两、 麻油一两。 将切好的肉再下锅， 加酱油、 酒煨至五成熟， 再加上面备好的
各种东西， 海蜇要放在最后。

♨ 菜花头煨肉

◎ 三字经

台心菜　选嫩芯　用盐腌　晒成干　煨肉时　放菜干

【原文】

用台心菜嫩蕊，微腌，晒干用之。

【释文】

把台心菜的嫩蕊稍微腌一下，晒干，用来和肉同煨。

♨ 炒肉丝

◎ 三字经

切细丝	去筋祥	皮和骨	用清酱	酒来腌	用菜油
熬白烟	青烟后	下肉炒	不停手	加蒸粉	醋一滴
糖一撮	葱白韭	蒜提鲜	炒肉丝	不能多	炒半斤
用文火	不加水	又一法	用油炮	以酱水	加酒煨
肉红色	加韭菜	手法新	味尤香		

【原文】

切细丝，去筋襻、皮、骨，用清酱、酒郁片时；用菜油熬起，白烟变青烟后，下肉炒匀，不停手；加蒸粉、醋一滴、糖一撮、葱白、韭、蒜之类；只炒半斤，大火，不用水。又一法：用油炮后，用酱水加酒略煨，起锅红色，加韭菜尤香。

【释文】

猪肉去掉筋膜、皮、骨，切成细丝，用清酱、酒稍腌一会儿；熬热菜油，见油烟由白烟变青烟后，下肉炒均匀，注意炒时要不停手。然后加蒸粉、醋一滴、糖一撮、葱白、韭、蒜之类。每菜只炒半斤，大火炒，不用加水。又一个方法：肉丝用油急炒后，用酱水加酒略微煨一会儿，起锅时肉呈红色，加一点韭菜味道尤其香。

♨ 炒肉片

◎ 三字经

| 将猪肉 | 精肥半 | 切薄片 | 清酱拌 | 入锅炒 | 闻响声 |
| 加酱水 | 葱瓜笋 | 韭菜段 | 炒肉片 | 火要猛 | 味才鲜 |

【原文】

将肉精、肥各半，切成薄片，清酱拌之。入锅油炒，闻响即加酱、水、葱、瓜、冬笋、韭菜，起锅。火要猛烈。

【释文】

肥瘦肉各一半，切成薄片，用清酱拌一下。入锅用油炒，听到响声即刻加酱、水、葱、瓜、冬笋、韭菜，然后起锅。做这道菜时要用大火。

♨ 八宝肉圆

◎ 三字经

好猪肉	精肥半	斩成茸	用松仁	蕈笋尖	大荸荠
和瓜姜	八宝料	也斩茸	加芡粉	捏成团	放入盘
以甜酒	秋油蒸	入口松	家致华	经常说	做肉圆
只宜切	不宜斩	此经验	有所见		

【原文】

猪肉精、肥各半，斩成细酱，用松仁、香蕈、笋尖、荸荠、瓜、姜之类，斩成细酱，加芡粉和捏成团，放入盘中，加甜酒、酱油蒸之。入口松脆。家致华云："肉圆宜切，不宜斩"。必别有所见。

【释文】

猪肉肥瘦各一半，斩成肉酱，松仁、香菇、笋尖、荸荠、瓜、姜之类，斩成细末，加芡粉和匀，捏成小丸子，放入盘中，加甜酒、酱油蒸好。入口松脆。但家致华说："做丸子的肉，宜切不宜斩"。想必他另有所见。

♨ 空心肉圆

◎ 三字经

肉捶碎	码料腌	冻猪油	一小团	作馅子	放团内
锅中蒸	油流去	团空心	肉嫩鲜	此方法	不一般
镇江人	最长擅				

【原文】

将肉捶碎郁过，用冻猪油一小团作馅子，放在团内蒸之，则油流去，而团子空心矣。此法镇江人最善。

【释文】

把猪肉捣碎用调料腌好。用冻猪油一小团作馅料，包在肉里面，上锅蒸。这样猪油流走，而肉团子就变成空心的了。镇江人最善于用这个烹制方法。

♨ 锅烧肉

◎ 三字经

肉煮熟　不去皮　放麻油　炸至熟　切大块　加细盐
蘸清酱　均亦可

【原文】

煮熟不去皮，放麻油灼过，切块加盐，或蘸清酱，亦可。

【释文】

猪肉煮熟不去皮，放在热麻油的锅里灼一下，然后切成小块，加盐吃，或者蘸清酱也可以。

♨ 酱肉

◎ 三字经

肉改条　先微腌　用面酱　再酱腌　或秋油　腌七天
取出来　再风干

【原文】

先微腌，用面酱酱之。或单用酱油拌郁，风干。

【释文】

把肉先稍微腌一下，再用面酱酱抹肉身。或者只拌上酱油腌一下，然后风干了食用。

♨ 糟肉

◎ 三字经

先微腌　再加糟　继续腌　味始然

【原文】

先微腌，再加米糟。

【释文】

把肉先稍微腌一下，再加米糟腌透。

♨ 暴腌肉

◎ 三字经

微盐擦　揉均后　入坛中　腌三日　即可用　酱糟肉
暴腌肉　此三味　冬月菜　秋尚可　春夏季　不宜做

【原文】

微盐擦揉，三日内即用。

【释文】

把肉用一点点盐擦揉均匀，三日内即可食用。

♨ 尹文端公家风肉

◎ 三字经

杀肥猪	斩八块	每块肉	用炒盐	大四钱	细揉擦
全擦到	无不到	擦完后	用钩子	高高挂	选有风
无日处	有虫蚀	香油涂	至夏日	方取用	先放水
泡一宵	再锅煮	但切记	水太多	或太少	皆不宜
以盖肉	适为度	熟取出	刀削片	用快刀	横着切
不可顺	肉丝斩	此风肉	惟尹府	制至精	常进贡
今徐州	有风肉	味不及	无缘故		

【原文】

杀猪一口，斩成八块，每块炒盐四钱，细细揉擦，使之无微不到。然后高挂有风无日处。偶有虫蚀，以香油涂之。夏日取用，先放水中泡一宵，再煮，水亦不可太多太少，以盖肉面为度。削片时，用快刀横切，不可顺肉丝而斩也。此物惟尹府至精，常以进贡。今徐州风肉不及，亦不知何故。

【释文】

杀猪一口，斩成八大块。每块用炒盐四钱仔仔细细揉擦一遍，一定要把各处都擦到，然后高挂在有风但不见太阳的地方。偶尔有虫子蛀蚀，用香油涂在蛀蚀的地方就可以了。到夏天取用时，要先放在水中泡一晚上，再煮，加水不可太多也不可太少，以盖过肉面为好。削片时，要用快刀横切，不可顺着肉丝斩切。这种风肉只有尹府做的特别精到，常进贡给皇帝。现在徐州风肉质量赶不上尹府，也不知是何种缘故。

♨ 家乡肉

◎ 三字经

杭州城	家乡肉	好与坏	各不同	三等分	上中下
淡而鲜	猪精肉	可横咬	为上品	如放久	最合适
成就了	好火腿

【原文】

杭州家乡肉，好丑不同。有上、中、下三等。大概淡而能鲜、精肉可横咬者为上品。放久即是好火腿。

【释文】

杭州家乡肉质量好坏不一样，分为上中下三等。大概味淡却很鲜，瘦肉横着能嚼烂的为上品。这种家乡肉放的时间长了，就是好火腿。

♨ 笋煨火肉

◎ 三字经

冬竹笋	切方块	火腿肉	亦切块	一同煨	火腿须
撒去盐	用清水	泡两遍	再加入	冰糖煨	席武山
别驾说	凡火肉	煮好后	若留作	次日吃	就必须
留原汤	待明日	将火肉	投入汤	滚热了	才好吃
若干放	离开汤	则风燥	而肉枯	用白水	味且淡

【原文】

冬笋切方块，火肉切方块，同煨。火腿撒去盐水两遍，再入冰糖煨烂。席武山别驾云："凡火肉煮好后，若留作次日吃者，须留原汤，待次日将火肉投入汤中滚热才好；若干放离汤，则风燥而肉枯，用白水，则又味淡。"

【释文】

冬笋切成方块，火腿肉也切成方块，一同煨煮。为了降低火腿中的盐分，要换水两遍，然后再加入冰糖煨煮熟烂。席武山别驾说："凡是火腿肉煮好后，若是留作第二天吃，必须保留原汤，等第二天再将火腿肉放进原汤烧滚热，这样才好吃；如果离汤干放，经风干燥，肉就会失去水分，用白水加热，肉味也会变得很淡。"

♨ 烧小猪

◎ 三字经

小奶猪	六七斤	去猪毛	除污秽	上猪叉	炭火炙
要四面	皆烤匀	以深黄	色为度	在皮上	涂酥油
一边涂	一边炙	食用时	酥为上	脆次之	硬则下
满族人	单用酒	秋油蒸	味略差	蒸小猪	惟吾家
龙文弟	得其法				

【原文】

小猪一个，六七斤重者，钳毛去秽，叉上炭火炙之。要四面齐到，以深黄色为度。皮上慢慢以奶酥油涂之，屡涂屡炙。食时酥为上，脆次之，硬斯下矣。旗人有单用酒、酱油蒸者，亦惟吾家龙文弟，颇得其法。

【释文】

六七斤重的小猪一个，钳去猪毛，去掉各种内脏，用叉子叉上在炭火上烧烤。

四面都要烤到， 以表皮呈深黄色为好。 烤时皮上要用奶酥油慢慢涂抹， 边抹边烤， 油干了再抹。 食用时以酥为上， 脆次之， 发硬的最差。 满族人有只用酒、 酱油来蒸的， 但也只有我家龙文弟做得最好。

♨ 烧猪肉

◎ 三字经

烧猪肉　须耐性　炙里肉　使油膏　走皮中　则皮松
脆而美　味不走　若如果　炙猪皮　肉上油　落火上
皮既焦　肉又硬　难入口　味不佳

【原文】

凡烧猪肉， 须耐性。先炙里面肉， 使油膏走入皮内， 则皮松脆而味不走； 若先炙皮， 则肉上之油尽落火上， 皮既焦硬， 味亦不佳。烧小猪亦然。

【释文】

凡做烧猪肉一定要有耐性. 必须先烤里面的肉， 使油膏进入皮里面， 这样则皮松脆而香味不流失； 如果先烤皮， 则肉里面的油都落到了火上， 就会皮焦肉硬， 味道欠佳。 烧小猪也是这样。

♨ 排骨

◎ 三字经

取勒条　小排骨　精肥半　抽去骨　以葱代　上火炙
用酱醋　频刷上　不可枯　味脱俗

【原文】

取勒条排骨精肥各半者，抽去当中直骨，以葱代之，炙，用醋、酱频频刷上。不可太枯。

【释文】

取精肥各半的肋条排骨，抽去当中的直骨，用葱来代替，可以烤着吃。烤时刷上醋和酱，一边烤一边不断地刷。不要烤得太枯干。

♨ 罗蓑肉

◎ 三字经
_____

罗蓑肉　与鸡松　物有别　法相同　将肉皮　存盖面
皮下肉　斩成团　加作料　烹炙熟　随园里　聂厨能

【原文】

以作鸡松法作之。存盖面之皮。将皮下精肉斩成碎团，加作料烹熟。聂厨能之。

【释文】

用做鸡松的方法做罗蓑肉。留下肉皮，将皮下面的精肉斩成小碎团，然后加作料烹熟。姓聂的厨师会做这个菜。

♨ 端州三种肉

◎ 三字经

端州府	有三肉	罗蓑肉	锅烧肉	第三种	不加料
芝麻盐	切片煨	清酱拌	三种肉	宜家常	端州府
聂李厨	所做精	枚特令	杨二厨	上门学	要勤勉

【原文】

一罗蓑肉；一锅烧白肉，不加作料，以芝麻、盐拌之；切片煨好，以清酱拌之。三种俱宜于家常。端州聂、李二厨所作。特令杨二学之。

【释文】

一种是罗蓑肉；一种是锅烧白肉，不加作料，只用芝麻、盐拌上即可；第三种是把肉切片煨好，用清酱拌之。三种肉都适宜家常食用。这几种肉为端州聂、李两位厨师所创制。我特意让杨二去学习。

♨ 杨公圆

◎ 三字经

| 杨明府 | 做肉圆 | 个大小 | 如茶杯 | 细绝伦 | 汤鲜洁 |
| 入口酥 | 味无穷 | 其做法 | 去筋节 | 斩极细 | 用芡合 |

【原文】

杨明府作肉圆，大如茶杯，细腻绝伦。汤尤鲜洁，入口如酥。大概去筋去节，斩之极细，肥瘦各半，用芡合匀。

【释文】

　　杨明府做的肉丸子大得跟茶杯一般，细腻绝伦。丸子汤尤其鲜美清洁，入口如酥。做法大概是，肉肥瘦各半，去筋去节，斩到极细，用芡和匀即可。

♨ 黄芽菜煨火腿

◎ 三字经

好火腿	剥外皮	去膘油	存精肉	用鸡汤	皮煨酥
再将肉	亦煨酥	黄芽菜	取其心	连根切	二寸段
加蜜酒	及清水	煨半日	上口甘	肉菜化	但菜根
及菜芯	形不变	棵不散	汤极美	王道长	善此菜

【原文】

　　用好火腿，剥下外皮，去油存肉。先用鸡汤将皮煨酥，再将肉煨酥，放黄芽菜心，连根切段，约二寸许长；加蜜、酒酿及水，连煨半日。上口甘鲜，肉菜俱化，而菜根及菜心丝毫不散，汤亦美极。朝天宫道士法也。

【释文】

　　选用好火腿，剥下外皮，去掉油留下肉。先用鸡汤将皮煨酥烂，再将肉煨酥烂，放连根切成约二寸许长的黄芽菜心小段，加蜜、酒酿及水，连续煨半日。这道菜口味甘鲜，肉和菜入口即化，但菜根及菜心却能够保持原来的形状。汤也鲜美异常。这是朝天宫道士的烹制方法。

♨ 蜜火腿

◎ 三字经

好火腿	连皮切	大方块	用蜜酒	煨极烂	味最佳
火腿者	分好丑	其高低	若天渊	虽然出	金华府
加兰溪	与义乌	此三处	都有腿	有名者	实不多
欠佳者	反不如	腌肉矣	惟杭州	忠清里	王三家
四钱银	买一斤	价虽贵	品质佳	枚有幸	尹公家
曾品尝	苏公馆	亦吃过	其肉香	隔户至	甘鲜美
从此后	不再尝	此尤物	成绝响		

[原文]

取好火腿，连皮切大方块，用蜜酒煨极烂，最佳。但火腿好丑、高低，判若天渊。虽出金华、兰溪、义乌三处，而有名无实者多。其不佳者，反不如腌肉矣。惟杭州忠清里王三房家，四钱一斤者佳。余在尹文端公苏州公馆吃过一次，其香隔户便至，甘鲜异常。此后不能再遇此尤物矣。

[释文]

选取好火腿，连皮切成大方块，用蜜酒煨到极烂，最好。但火腿质量的好与坏有天壤之别。虽然都说产自金华、兰溪、义乌三个地方，其实有名无实者居多。质量不好的火腿反而不如腌肉。只有杭州忠清里王三房家，卖四钱一斤的火腿最好。我在尹文端先生苏州公馆吃过一次，香味隔着屋子便能闻到，甘鲜异常。之后再也没有遇到这么特异的食物了。

杂牲单

牛、羊、鹿三牲，非南人家常时有之物。然制法不可不知，作『杂牲单』。

牛羊鹿　此三牲

南方人　不常用

然制法　却不能

不知晓　故而作

杂牲单

♨ 牛肉

◎ 三字经

买牛肉	要先向	各店铺	先下定	让凑集	牛腿筋
夹肉处	这种肉	既不精	也不肥	带回家	剔皮膜
三分酒	二分水	煨极烂	加秋油	收汤汁	此太牢
宜独味	适孤行	不可加	别物搭		

【原文】

买牛肉法：先下各铺定钱，凑取腿筋夹肉处，不精不肥；然后带回家中，剔去皮膜，用三分酒、二分水清煨，极烂，再加酱油收汤。此太牢独味孤行者也，不可加别物配搭。

【释文】

先说买牛肉的方法： 先到各个肉铺预交定钱， 专意凑取各处腿筋夹肉处的肉，主要是因为这个部位的肉不瘦不肥。 买好肉带回家中， 剔去皮膜， 用三分酒、 二分水清煨到极烂， 再加酱油收汤。 牛肉这个古代祭祀社稷的祭品， 是一种只能单独烹制的孤行者啊， 千万不可加别的东西配搭。

♨ 牛舌

◎ 三字经

煨牛舌	味最佳	烫去皮	撕外膜	切成片	入肉中
一同煨	有冬天	风干者	隔年食	味极似	好火腿

【原文】

牛舌最佳。去皮、撕膜、切片，入肉中同煨。亦有冬腌风干者，隔年食之，极似好火腿。

【释文】

牛舌是牛身上最好的东西。做菜时去掉舌的皮膜，切成片加入肉中一同煨煮。也有冬季腌后风干的，隔年吃，味道特别像好火腿。

♨ 羊头

◎ 三字经

大羊头	毛去净	难去净	用火燎	洗净后	要切开
锅煮烂	拆去骨	其口内	粗老皮	去干净	将眼睛
切二块	去黑皮	珠不用	羊头肉	切碎丁	取鸡汤
同煮之	加香菇	春笋丁	酒四两	好秋油	一小杯
如吃辣	用胡椒	十二颗	放葱花	十二段	如吃酸
加一杯	好米醋				

【原文】

羊头，毛要去净，如去不净，用火烧之。洗净切开，煮烂去骨，其口内老皮，俱要去净；将眼睛切成二块，去黑皮，眼珠不用。切成碎丁，取老母鸡汤煮之，加香蕈、笋丁、甜酒四两、酱油一杯。如吃辣，用小胡椒十二颗、葱花二十段。如吃酸，用好米醋一杯。

【释文】

羊头上的毛要去干净，如果无法去净，可用火烧。洗净后切开煮烂，去掉骨头，其口内的老皮都要去干净；将眼睛切成两块，去掉黑皮，眼珠也不用。然后切成碎丁，用老母鸡汤煮，煮时加香菇、笋丁、甜酒四两、酱油一杯。如果喜欢吃辣的，可同时加小胡椒十二颗、葱花二十段。如果喜欢吃酸的，可同时加好米醋一杯。

♨ 羊蹄

◎ 三字经

煨羊蹄　如猪蹄　方法分　红与白　色二种　不同是
清酱者　色泽红　用盐者　颜色白　配山药　最适宜

【原文】

煨羊蹄，照煨猪蹄法，分红、白二色。大抵用清酱者红，用盐者白。山药配之宜。

【释文】

煨羊蹄可参照煨猪蹄的方法，也分红、白二色烹制。大概加清酱煨的呈红色，加盐煨的呈白色。山药配着煨很适宜。

♨ 羊羹

◎ 三字经

熟羊肉　切小块　如骰子　入羊汤　或鸡汤　加笋丁
香菇丁　山药丁　一起煨　做羹出

【原文】

取熟羊肉斩小块，如骰子大。鸡汤煨，加笋丁、香蕈丁、山药丁同煨。

【释文】

熟羊肉斩成如骰子般大的小块，加鸡汤煨，同时加笋丁、香菇丁、山药丁。

♨ 羊肚羹

◎ 三字经

将羊肚	清洗净	煨煮烂	切细丝	用本汤	来煨之
加胡椒	醋俱可	北方人	较擅长	制羊肚	南方人
不得法	肚不脆	钱均沙	方伯家	锅烧羊	肉极佳
欲求法					

【原文】

将羊肚洗净煮烂，切丝，用本汤煨之。加胡椒、醋俱可。北人炒法，南人不能如其脆。钱玙沙方伯家，锅烧羊肉极佳，将求其法。

【释文】

将羊肚洗净煮烂，切成丝，再用原来煮羊肚的汤煨，加胡椒、醋都可以。这是北方人的做法。南方人不能做得像北方人那么爽脆。布政使钱玙沙家的锅烧羊肉特别好吃，我要去学习他的方法。

♨ 红煨羊肉

◎ 三字经

煨羊肉	制之法	与猪同	法不二	加刺眼	麻核桃
去膻腥	此古法				

【原文】

与红煨猪肉同。加刺眼核桃，放入去羶，亦古法也。

【释文】

方法与红煨猪肉相同， 锅中可加入钻了眼的核桃， 这样可去掉羊肉的膻味。 这个也是古人的方法。

♨ 炒羊肉丝

◎ 三字经

羊肉丝　其制法　猪肉同　无二别　可用纤　烹调之
肉愈细　味愈佳　炒好后　葱丝拌

【原文】

与炒猪肉丝同。可以用纤，愈细愈佳。葱丝拌之。

【释文】

方法与炒猪肉丝相同， 可以用芡， 肉丝切得越细越佳。 须用葱丝调拌。

♨ 烧羊肉

◎ 三字经

好羊肉　切大块　重七斤　上铁叉　火上烧　味甘脆
真解馋　忘不下　昔日里　宋仁宗　睡不着　夜半思
即此肉

【原文】

羊肉切大块，重五七斤者，铁叉火上烧之。味果甘脆，宜惹宋仁宗夜半之思也。

【释文】

把羊肉切成重五斤到七斤的大块， 用铁叉叉上在火上烧烤。 味道果然十分鲜脆， 怪不得惹得宋仁宗夜半都想吃烧羊肉。

♨ 全羊

◎ 三字经

全羊法	出宫里	品种有	七十二	皆出自	羊身上
可吃者	十八九	全羊法	屠龙技	见功底	不实际
一般家	厨难学	每一盘	每一碗	虽全是	羊身肉
品真味	各不同	更难得	其名目	虽羊肉	无羊名

【原文】

全羊法有七十二种，可吃者，不过十八九种而已。此屠龙之技，家厨难学。一盘一碗，虽全是羊肉，而味各不同才好。

【释文】

用全羊的原料做的菜有七十二种之多， 但一般人能吃到的， 也不过十八九种而已。 做全羊属于高超的屠龙技术， 一般家里的厨师很难学好。 全羊菜虽然每盘每碗用的原料都是羊肉， 味道却各不相同， 那才真是好厨艺。

♨ 鹿肉

◎ 三字经

鹿肉者　不轻得　偶得之　制来吃　其嫩鲜　超獐肉
可烧食　可煨食

【原文】

鹿肉不可轻得。得而制之，其嫩鲜在獐肉之上。烧食可，煨食亦可。

【释文】

鹿肉不能轻易获得。 能得到又能烹制好， 比獐肉还鲜嫩。 烧烤吃可以， 煨炖
吃也可以。

♨ 鹿筋二法

◎ 三字经

鹿筋好　难煮烂　三日前　先捶煮　出臊水　数几遍
加肉汁　汤煨之　后再用　鸡汤煨　加秋油　绍兴酒
勾微纤　把汤收　煨鹿筋　不搀物　变白色　用盘盛
如兼用　加火腿　笋与蕈　一同煨　红色者　不收汤
以碗盛　白色者　加花椒　研细末

【原文】

鹿筋难烂。须三日前先捶煮之，绞出臊水数遍，加肉汁汤煨之，再用
鸡汁汤煨；加酱油、酒、微纤收汤；不搀他物，便成白色，用盘盛之。如
兼用火腿、冬笋、香蕈同煨，便成红色，不收汤，以碗盛之。白色者，加

花椒细末。

【释文】

　　鹿筋很难煮烂。做菜前三天就必须先捶松然后再煮，煮过好多遍，除尽鹿筋的臊味。先加肉汁汤煨，再用鸡汁汤煨；最后加酱油、酒和一点芡收汤。如果不搀其他东西，鹿筋便变成白色的，用盘子盛起来。如果加火腿、冬笋、香菇同煨，鹿筋便变成红色的，不要收汤，用碗盛起来。白色鹿筋可加花椒细末。

♨ 獐肉

◎ 三字经

制獐肉　与牛同　可作脯　不如鹿　肉鲜嫩　然比鹿
肉细腻

【原文】

制獐肉与制牛、鹿同。可以作脯。不如鹿肉之活，而细腻过之。

【释文】

　　制作獐肉与做牛肉、鹿肉的方法相同。獐肉还可以做成干肉脯。獐肉不如鹿肉鲜嫩，但却比鹿肉细腻。

♨ 果子狸

◎ 三字经

果子狸　鲜难得　腌干者　用蜜酒　须蒸熟　快刀切
片上桌　制之前　要先用　米泔水　泡一日　去盐秽
较火腿　嫩而肥

【原文】

果子狸，鲜者难得。其腌干者，用蜜、酒酿，蒸熟，快刀切片上桌。先用米泔水泡一日，去尽盐秽。较火腿觉嫩而肥。

【释文】

新鲜的果子狸肉很难得到。 对于腌制后的干果子狸肉， 可用蜜、 酒酿蒸熟，快刀切片上桌。 制作前要先用米泔水浸泡一天， 去尽干肉里面的盐分和脏东西。 比较火腿， 我觉得果子狸肉更肥嫩。

♨ 假牛乳

◎ 三字经

鸡蛋清　蜜酒酿　拌一起　搅融化　上锅蒸　需嫩腻
火候过　蜂窝起　蛋清多　易烹老

【原文】

用鸡蛋清拌蜜、酒酿，打掇入化，上锅蒸之。以嫩腻为主。火候迟便老，蛋清太多亦老。

【释文】

在鸡蛋清里调拌进蜜、 酒酿， 不停地搅动， 使它们融为一体， 上锅蒸。 这个菜以嫩腻为主， 蒸的时间长了就老， 蛋清太多也会老。

♨ 鹿尾

◎ 三字经

尹文端　高品味　以鹿尾　为第一　然南方　不常得
从北京　送来者　不新鲜　味发苦　袁子才　曾拥有
极大者　用菜叶　包而蒸　味不同　最佳处　在尾上
一道浆　脂浓厚

【原文】

尹文端公品味，以鹿尾为第一。然南方人不能常得。从北京来者，又苦不鲜新。余尝得极大者，用菜叶包而蒸之，味果不同。其最佳处，在尾上一道浆耳。

【释文】

尹文端先生品评食物，认为鹿尾是第一美食。但南方人不能经常得到这个东西。从北京带来的，又苦于不新鲜。我曾经得到过特别大的鹿尾，是用菜叶包起来蒸。吃后感觉味道果然与众不同。最好吃的地方，就是鹿尾脂肪最丰富之上端。

羽族单

鸡公最巨，诸菜赖之。如善人积阴德而人不知。故令领羽族之首，而以他禽附之。作『羽族单』。

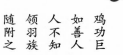

鸡功巨　托诸菜

如善人　积阴德

人不知　故令其

领羽族　以他禽

随附之

♨ 白片鸡

◎ 三字经

煮肥鸡	白切片	就好似	古太羹	玄酒味	尤宜于
下乡村	入旅店	做烹饪	来不及	白片鸡	最省便
煮鸡时	少放水	切忌多	咸淡适		

【原文】

肥鸡白片，自是太羹、玄酒之味。尤宜于下乡村，入旅店，烹饪不及之时，最为省便。煮时水不可多。

【释文】

肥鸡胸脯肉，本来就是像肉汁、玄酒一样的自然本味。尤其适合在农村乡下，入旅店住宿来不及烹饪其他菜肴时，此菜（因为只须煮一下，因此）最为方便。煮的时候水不可放得太多。

♨ 鸡松

◎ 三字经

肥母鸡	取一只	用两腿	去筋骨	刀剁碎	不伤皮
鸡蛋清	加粉纤	松子肉	放腿上	一起剁	制成块
如腿肉	不敷用	添脯肉	如上法	切方块	用香油
灼黄色	放钵内	百花酒	加半斤	好秋油	一大杯
用鸡油	一铁勺	加冬笋	加香蕈	加姜葱	将所余
鸡骨皮	盖面上	加清水	一大碗	放蒸笼	去蒸透
临吃时	去鸡骨				

【原文】

肥鸡一只，用两腿，去筋骨剁碎。不可伤皮。用鸡蛋清、粉纤、松子肉，同剁成块。如腿不敷用，添脯子肉，切成方块。用香油灼黄，起放钵头内，加百花酒半斤、酱油一大杯、鸡油一铁勺，加冬笋、香蕈、姜、葱等；将所余鸡骨皮盖面，加水一大碗，下蒸笼蒸透，临吃去之。

【释文】

准备肥鸡一只，但只用两腿的肉，去掉筋骨，剁碎。不要弄破鸡皮。剁鸡腿肉时加鸡蛋清、粉纤、松子肉抖匀，剁成块。如果腿肉不够用，添加一些鸡脯肉，也切成方块。以上原料先用香油炸黄，然后起锅放在钵头内，加百花酒半斤、酱油一大杯、鸡油一铁勺，另加冬笋、香菇、姜、葱等；再将前面余下的鸡骨鸡皮盖在上面，加一大碗水，放在蒸笼里蒸透，吃的时候再去掉鸡骨鸡皮。

♨ 生炮鸡

◎ 三字经

小雏鸡	斩方块	加秋油	黄酒拌	临吃时	肉拿起
放锅中	油灼之	炸定型	捞出来	油烧热	起锅灼
连三次	再盛起	重入锅	用黄酒	稀粉纤	小葱花
醋喷之	可装盘				

【原文】

小雏鸡斩小方块，酱油、酒拌；临吃时拿起，放滚油内灼之，起锅又灼，连灼三回，盛起；用醋、酒、粉纤、葱花喷之。

【释文】

把小雏鸡斩成小方块，用酱油、酒拌好。临吃的时候，把鸡块放进滚油里炸， 起锅后再炸， 连炸三回盛起来； 加进醋、 酒、 粉芡， 撒上葱花。

♨ 鸡粥

◎ 三字经

肥母鸡	取两脯	用利刀	将两脯	刮细茸	或者用
刨刀刨	要注意	只可刨	不可斩	如斩之	便不腻
将余料	熬鸡汤	去其沫	捞出渣	稻香米	磨成粉
汤开后	放入熬	火腿屑	松子肉	共敲碎	放汤里
起锅时	加葱姜	浇鸡油	或去渣	或存滓	君俱可
此鸡粥	宜老人				

【原文】

肥母鸡一只，用刀将两脯肉去皮、细刮，或用刨刀亦可。只可刮刨，不可斩，斩之便不腻矣。再用余鸡熬汤，下之。吃时加细米粉、火腿屑、松子肉，共敲碎放汤内。起锅时，放葱、姜，浇鸡油，或去渣，或存渣，俱可。宜于老人。大概斩碎者去渣，刮刨者不去渣。

【释文】

选肥母鸡一只， 用刀将两块胸脯肉去皮， 细刮成肉茸， 或者用刨刀刨也可以。这里只可刮或刨， 不可斩剁， 斩剁的就不细腻了。 再把剩余的鸡肉鸡骨熬成汤，下鸡肉茸。 吃时， 再加细米粉、 火腿屑、 松子肉， 都敲成碎末放进汤里。 起锅时， 放葱、 姜， 浇上鸡油即可。 或者去掉渣子， 或留着渣子都可以。 鸡粥宜于老人食用。 大概斩碎的要去渣， 刮刨的不用去渣。

♨ 焦鸡

◎ 三字经

肥母鸡	要洗净	整只鸡	下锅煮	用猪油	整四两
大茴香	放四个	煮八分	熟捞起	用香油	要灼黄
重下入	原汤熬	用秋油	加黄酒	整根葱	汁收起
把鸡捞	临上桌	片鸡片	拼成型	原卤浇	也可拌
或者蘸	此二法	均亦可	论此菜	杨中丞	家法也
方辅兄	制亦好				

【原文】

　　肥母鸡洗净，整下锅煮。用猪油四两、茴香四个，煮成八分熟；再拿香油灼黄，还下原汤熬浓，用酱油、酒、整葱收起。临上片碎，并将原卤浇之，或蘸亦可。此杨中丞家法也。方辅兄家亦好。

【释文】

　　把肥母鸡洗净，整只下锅煮。煮时加猪油四两、茴香四个，煮到八成熟即可。再拿香油炸黄，还下到原汤里熬，到汤浓时加酱油、酒、整葱收起。临上桌时把肉片成片，并浇上原卤，或者拌蘸上其他调料吃也可以。这是杨中丞家的方法。方辅兄家制作的方法也很好。

♨ 捶鸡

◎ 三字经

将整鸡	捶碎了	放秋油	酒煮之	金陵府	高南昌
太守家	制最精				

【原文】

将整鸡捶碎，酱油、酒煮之。南京高南昌太守家制之最精。

【释文】

将整只鸡捶碎， 加上酱油、 酒煮熟。 南京高南昌太守家制作的捶鸡最好。

♨ 炒鸡片

◎ 三字经

将鸡脯	肉去皮	斩薄片	以豆粉	香麻油	加秋油
纤粉调	蛋清拌	临下锅	加入酱	配瓜片	姜葱末
须旺火	急火炒	量勿多	一盘菜	只四两	刚刚好
火才透	恰恰适				

【原文】

用鸡脯肉，去皮，斩成薄片；用豆粉、麻油、酱油拌之，纤粉调之，鸡蛋清拌；临下锅加酱、瓜、姜、葱花末。须用极旺之火炒，一盘不过四两，火气才透。

【释文】

选用鸡胸脯肉， 去皮， 斩成薄片。 先用豆粉、 麻油、 酱油拌一下， 再用芡粉调和， 最后加鸡蛋清拌匀。 临下锅时加酱、 瓜、 姜、 葱花末。 必须用极旺的火炒， 一盘不能超过四两， 这样鸡片才能炒透。

♨ 蒸小鸡

◎ 三字经

小鸡雏　放盘中　加秋油　和甜酒　及香蕈　与笋尖
料齐全　上锅蒸

【原文】

用小嫩鸡雏，整放盘中，上加酱油、甜酒、香蕈、笋尖，饭锅上蒸
之。

【释文】

选用小嫩鸡雏，整只放在盘中，上面加酱油、甜酒、香菇、笋尖，在饭锅
上蒸熟。

♨ 酱鸡

◎ 三字经

取生鸡　用清酱　浸一宿　风干之　此三冬　家常菜

【原文】

生鸡一只，用清酱浸一昼夜，而风干之。此三冬菜也。

【释文】

活鸡一只，宰净后用清酱浸泡一昼夜，然后风干。这是冬季吃的菜。

♨ 鸡丁

◎ 三字经

取鸡脯　切小块　块大小　如骰子　入滚油　炮炒之
加秋油　酒收起　入荸荠　冬笋丁　香蕈丁　拌炒之
芡汤汁　黑色佳

【原文】

取鸡脯子，切骰子小块，入滚油炮炒之，用秋油、酒收起。加荸荠丁、笋丁、香蕈丁拌之。汤以黑色为佳。

【释文】

选取鸡胸脯肉，切成骰子一样的小块，入滚油急炒，加入酱油、酒收汁，再加荸荠丁、笋丁、香菇丁拌炒。汤汁以黑色的为好。

♨ 鸡圆

◎ 三字经

斩鸡脯　肉为圆　酒杯大　味道鲜　白且嫩　如虾团
在扬州　有藏府　八太爷　制最精　其方法　用猪油
萝卜丝　先焯透　去异味　纤粉揉　不放馅　嫩且柔

【原文】

斩鸡脯子肉为圆，如酒杯大，鲜嫩如虾团。扬州藏八太爷家，制之最精。法用萝卜、猪油、纤粉揉成，不可放馅。

【释文】

斩剁鸡胸脯肉， 做成如酒杯大小的圆子， 其鲜嫩如同虾圆。 扬州臧八太爷家做的鸡圆最好吃。 方法是， 鸡肉加萝卜、 猪油、 芡粉揉成圆子， 里面不可放馅。

♨ 蘑菇煨鸡

◎ 三字经

以口蘑	整四两	开水泡	去泥砂	冷水漂	牙刷擦
再清水	漂四次	用菜油	二两炒	要炮透	加酒喷
盛入盘	留备用	鸡斩块	放锅内	滚去沫	下甜酒
清酱油	煨八分	下蘑菇	盖上盖	再煨之	又二分
全熟了	加笋块	放葱椒	略略滚	即起锅	勿用水
加冰糖	要三钱				

【原文】

口蘑菇四两，开水泡去砂，用冷水漂、牙刷擦，再用清水漂四次。用菜油二两炮透，加酒喷。将鸡斩块放锅内，滚去沫，下甜酒、清酱，煨八分功程，下蘑菇，再煨二分功程，加笋、葱、椒起锅。不用水，加冰糖三钱。

【释文】

口蘑菇四两， 先用开水泡软， 去掉沙子， 再用冷水漂、 牙刷擦， 再换清水漂， 如此四次。 洗净后用菜油二两急炒炒透， 上面喷点酒。 将鸡斩成块放进锅内滚烧， 撇去血沫， 下甜酒、 清酱， 煨到八分熟， 然后下蘑菇煨熟， 加笋、 葱、 花椒起锅。 煨时不用水， 可加冰糖三钱。

♨ 梨炒鸡

◎ 三字经

雏鸡胸	肉切片	锅上火	取三两	熟猪油	小锅炒
三四次	加麻油	一小瓢	入纤粉	盐姜汁	花椒末
各等量	一茶匙	炒均匀	控去油	再放梨	大雪梨
切薄片	香蕈茹	切小块	放两块	配颜色	炒四次
可起锅	盛小盘	五寸盘	正合适		

【原文】

取雏鸡胸肉切片，先用猪油三两熬熟，炒三四次，加麻油一瓢，纤粉、盐花、姜汁、花椒末各一茶匙，再加雪梨薄片、香蕈小块，炒三四次起锅，盛五寸盘。

【释文】

选取雏鸡胸脯肉切成片，先把猪油三两熬熟，加入鸡片炒三四次，然后加麻油一瓢，芡粉、盐花、姜汁、花椒末各一茶匙，再加雪梨薄片、香菇小块，再炒三四次起锅，盛到五寸盘里。

♨ 假野鸡卷

◎ 三字经

家鸡脯	刀斩碎	柴鸡子	放一个	调清酱	来郁之
包网油	分小包	油里炮	加清酱	酒作料	鲜香蕈
和木耳	另起锅	加白糖	一小撮	调味道	很重要

【原文】

　　将脯子斩碎，用鸡子一个，调清酱郁之；将网油划碎，分包小包，油里炮透，再加清酱、酒、作料、香蕈、木耳，起锅，加糖一撮。

【释文】

　　将鸡胸脯肉斩碎，用鸡蛋一个，调拌清酱腌一下。把网油划成小片，把鸡肉馅包成小包，放进油里炒透，再加上清酱、酒和其他佐料，还有香菇、木耳，起锅时加一点糖。

♨ 黄芽菜炒鸡

◎ 三字经

鸡切块	起油锅	生炒透	加酒滚	二十次	入秋油
继续滚	三十次	加水烧	黄芽菜	切大块	俟鸡肉
七分熟	菜下锅	滚三分	加白糖	葱大料	其菜要
单滚熟	吃此菜	搀一起	作此菜	每只鸡	油四两

【原文】

　　将鸡切块，起油锅生炒透，酒滚二三十次，加酱油后，滚二三十次，下水滚。将菜切块，俟鸡有七分熟，将菜下锅，再滚三分，加糖、葱、大料。其菜要另滚熟搀用。每一只用油四两。

【释文】

　　把鸡肉切成块，起油锅投入生鸡块炒透，加酒烧滚二三十次，加酱油后滚二三十次，加水再滚。黄芽菜也切成块，等鸡有七成熟时，将菜下锅，再烧滚直到成熟，最后加糖、葱等各种作料。黄芽菜要另外滚熟，才能搀进鸡块里。每一只鸡用油四两。

♨ 栗子炒鸡

◎ 三字经

鸡斩块	用菜油	二两炒	加黄酒	一饭碗	放秋油
一小杯	放清水	一饭碗	小火煨	七分熟	栗子须
先煮熟	去其皮	取其肉	栗同笋	放锅中	再煨上
三分钟	临起锅	下白糖	一小撮		

【原文】

鸡斩块，用菜油二两炮，加酒一饭碗、酱油一小杯、水一饭碗，煨七分熟。先将栗子煮熟，同笋下之，再煨三分起锅，下糖一撮。

【释文】

把鸡斩成块，用菜油二两急炒，加酒一饭碗、酱油一小杯、水一饭碗，煨到七成熟。事先将栗子煮熟，同笋一起下到鸡块里，同煨直到菜熟。起锅时加一点糖。

♨ 灼八块

◎ 三字经

小嫩鸡	斩八块	滚油炮	控去油	加清酱	一小杯
酒半斤	一起煨	鸡熟后	便起锅	小笋鸡	肉很嫩
容易熟	做此菜	勿用水	须武火		

121

【原文】

嫩鸡一只，斩八块，滚油炮透，去油，加清酱一杯、酒半斤，煨熟便起。不用水，用武火。

【释文】

嫩鸡一只， 斩成八块， 用滚油急炒炒透， 去油， 加清酱一杯、 酒半斤， 煨熟即起锅。 做这个菜不用水， 以旺火烧制。

♨ 珍珠团

◎ 三字经

熟鸡脯　切小块　清酱酒　拌均匀　以干面　滚圆满
入锅炒　用素油

【原文】

熟鸡脯子，切黄豆大块，清酱、酒拌匀，用干面滚满，入锅炒。炒用素油。

【释文】

熟鸡胸脯肉， 切成黄豆一样大小的小粒， 加清酱、 酒拌匀， 在干面里滚一下， 使肉粒上都粘上面， 然后入锅炒。 炒时要用素油。

♨ 黄芪蒸鸡治療

◎ 三字经

小童鸡	未生蛋	活杀之	不见水	取肚脏	放钵中
塞黄芪	整一两	架箸筷	钵放锅	钵四面	要封口
不透气	小火蒸	鸡熟时	即取出	卤汁浓	嫩而鲜
疗弱症	有奇功				

【原文】

取童鸡未曾生蛋者杀之，不见水，取出肚脏，塞黄芪一两，架箸放锅内蒸之。四面封口，熟时取出。卤浓而鲜，可疗弱症。

【释文】

选取没有下过蛋的童子鸡，宰杀，不要见水，取出内脏，塞进一两黄芪，锅里放上筷子，鸡就架在筷子上蒸。锅的四面要封严实，熟时取出。卤汁浓厚鲜美，可治疗体弱疾病。

♨ 卤鸡

◎ 三字经

囫囵鸡	取一只	肚内塞	葱数条	大茴香	放二钱
酒一斤	好秋油	一杯半	先烧滚	一枝香	再加水
放一斤	猪板油	放二两	一同煨	待鸡熟	取出肉
做此菜	水要用	熟热水	收浓卤	一饭碗	才取起
或拆碎	或刀片	食仍以	原卤拌		

【原文】

囫囵鸡一只，肚内塞葱三十条、茴香二钱，用酒一斤、酱油一小杯半，先滚一枝香，加水一斤、脂油二两，一齐同煨。待鸡熟，取出脂油。水要用熟水，收浓卤一饭碗，才取起；或拆碎，或薄刀片之，仍以原卤拌食。

【释文】

整鸡一只，肚子里塞进葱三十条、茴香二钱，加酒一斤、酱油一小杯半，先烧滚一枝香的时间，再加水一斤、脂油二两，一齐同煨。等鸡熟后把脂油取出。水要用煮开的水，看到浓卤收到剩下一饭碗时，才把鸡取出来。或者拆碎，或者用薄刀削成片，仍旧拌着原卤吃。

♨ 蒋鸡

◎ 三字经

童子鸡	盐四钱	好酱油	用一匙	黄老酒	半茶杯
姜三片	放砂锅	隔水蒸	鸡蒸烂	做此菜	去大骨
须牢记	勿用水	蒋御史	家厨法		

【原文】

童子鸡一只，用盐四钱、酱油一匙，老酒半茶杯，姜三大片，放砂锅内，隔水蒸烂，去骨。不用水。蒋御史家法也。

【释文】

童子鸡一只，用盐四钱，酱油一匙，老酒半茶杯，姜三大片，放在砂锅内隔水蒸烂，去掉骨头。（因为是隔水蒸，因此）不用水。这是蒋御史家的做法。

♨ 唐鸡

◎ 三字经

鸡一只	或二斤	或三斤	如果是	二斤者	用黄酒
一饭碗	水三碗	鸡三斤	酌加添	先将鸡	切成块
用菜油	二两半	放鸡块	滚以熟	炒爆鸡	要爆透
先用酒	二十滚	再下水	三百滚	加秋油	一酒杯
鸡起锅	入白糖	放一钱	此菜是	唐静涵	密制法

【原文】

鸡一只，或二斤，或三斤。如用二斤者，用酒一饭碗，水三饭碗。用三斤者酌添。先将鸡切块，用菜油二两，候滚熟，爆鸡要透。先用酒滚一二十滚，再下水约二三百滚。用酱油一酒杯。起锅时，加白糖一钱。唐静涵家法也。

【释文】

选鸡一只，或者二斤的，或者三斤的。如果用二斤的，用酒一饭碗，水三饭碗；用三斤的酌量添酒和水。先把鸡切成块，用菜油二两，等油滚热时下入鸡块爆炒透。然后先用酒烧一二十滚，再加水烧约二三百滚，最后加酱油一酒杯。起锅时，加白糖一钱。这是唐静涵家的做法。

♨ 鸡肝

◎ 三字经

| 嫩鸡肝 | 用酒喷 | 加醋炒 | 火要少 | 嫩为贵 | 不可老 |

【原文】

用酒、醋喷炒，以嫩为贵。

【释文】

炒鸡肝时喷进酒、醋爆炒，炒得要嫩。

♨ 鸡血

◎ 三字经

取鸡血　切为条　加鸡汤　酱与醋　索粉条　作成羹

【原文】

取鸡血为条，加鸡汤、酱、醋、纤粉作羹，宜于老人。

【释文】

把熟鸡血切成条，加鸡汤、酱、醋、芡粉做成羹汤。适合老人吃。

♨ 鸡丝

◎ 三字经

鸡胸肉　拆细丝　用秋油　加陈醋　芥末拌　此杭菜
可加笋　嫩芹菜　也可以　用笋丝　加秋油　黄酒炒
凉拌者　用熟鸡　热炒者　用生鸡

【原文】

拆鸡为丝，酱油、芥末、醋拌之。此杭州菜也。加笋、加芹俱可；用笋丝、酱油、酒炒之亦可。拌者，用熟鸡；炒者，用生鸡。

【释文】

把鸡肉撕成丝，加酱油、芥末、醋拌食。这是杭州菜。加笋丝、加芹菜都可以；用笋丝、酱油、酒炒鸡丝也可以。拌食，要用熟鸡；炒食，用的是生鸡。

♨ 糟鸡

◎ 三字经

糟鸡法　糟肉同

【原文】

糟鸡法，与糟肉同。

【释文】

糟鸡与糟肉的制法相同。

♨ 鸡肾

◎ 三字经

取鸡肾　三十个　煮微熟　去外皮　用鸡汤　加作料
炒煨之　味绝伦

【原文】

取鸡肾三十个，煮微熟，去皮，用鸡汤加作料煨之。鲜嫩绝伦。

【释文】

集好鸡肾三十个， 煮得稍微有点熟， 剥去皮衣， 再用鸡汤加作料煨熟。 这个菜异常鲜嫩。

♨ 鸡蛋

◎ 三字经

蛋去壳	放碗中	用竹箸	打一千	上锅蒸	绝对嫩
但凡蛋	一煮老	一千煮	而反嫩	加茶叶	小火煮
两炷香	以为度	蛋一百	盐一两	蛋五十	盐五钱
加酱煨	亦可以	蛋或煎	蛋或炒	俱可以	放斩碎
黄雀肉	如是法	上锅蒸	味亦佳		

【原文】

鸡蛋去壳，放碗中，将竹箸打一千回蒸之，绝嫩。凡蛋一煮而老，一千煮而反嫩。加茶叶煮者，以两炷香为度。蛋一百，用盐一两，五十，用盐五钱。加酱煨亦可。其他则或煎、或炒俱可。斩碎黄雀蒸之，亦佳。

【释文】

鸡蛋去壳， 放在碗中， 用竹筷子搅打一千回， 蒸的蛋羹鲜嫩无比。 鸡蛋一煮就显老， 煮的时间长一点反而更加酥嫩。 加茶叶煮茶叶蛋， 以两炷香燃尽时间为度， 一百个鸡蛋， 用盐一两； 五十个鸡蛋， 用盐五钱。 加酱煨煮也可以。 其他做法则或煎或炒都可以。 黄雀肉斩碎和鸡蛋一起蒸， 也很好吃。

♨ 野鸡五法

制野鸡	有五法	披胸肉	清酱郁	以网油	包成包
放铁奁	烧烤之	第二种	野鸡脯	切成片	腌入味
可作卷	加料炒	还可以	取胸肉	切作丁	亦可炒
第三法	如家鸡	整只煨	第四法	先油灼	拆鸡丝
加黄酒	醋秋油	同芹菜	来冷拌	野鸡脯	取生肉
片成片	入火锅	即时涮	熟便吃	亦一法	但其弊
肉虽嫩	味不入	煮入味	肉则老		

[原文]

野鸡披胸肉，清酱郁过，以网油包，放铁奁上烧之。作方片可，作卷子亦可。此一法也。切片加作料炒，一法也；取胸肉作丁，一法也；当家鸡整煨，一法也；先用油灼，拆丝加酒、酱油、醋，同芹菜冷拌，一法也。生片其肉，入火锅中，登时便吃，亦一法也。其弊在肉嫩则味不入，味入则肉又老。

[释文]

取野鸡胸脯肉，用清酱腌过，用网油包上，放在铁奁上烧烤。做成方片可以，做成卷子也可以。这是一种方法。野鸡肉切片加作料炒，又是一种方法。取野鸡胸脯肉切成丁，又是一种方法。像做家鸡一样，把整只野鸡放在锅里煨，又是一种方法。先用油炸，再撕成鸡丝，加酒、酱油、醋，同芹菜一块凉拌，又是一种方法。生鸡肉切成片，放进火锅中，当时就吃，也是一种方法。这种吃法的不足之处在于肉嫩了味道进不去，味道进去了肉又老了。

♨ 赤炖肉鸡

◎ 三字经

炖肉鸡	颜色赤	洗后切	每斤鸡	用好酒	十二两
少放盐	二钱五	好冰糖	放四钱	酌加些	官桂皮
一同入	砂锅里	文炭火	慢煨之	倘酒干	鸡未烂
每斤鸡	酌加上	清开水	一茶杯		

[原文]

赤炖肉鸡，洗切净，每一斤用好酒十二两、盐二钱五分、冰糖四钱，研酌加桂皮，同入砂锅中，文炭火煨之；倘酒将干，鸡肉尚未烂，每斤酌加清开水一茶杯。

[释文]

赤炖肉鸡的做法是，肉鸡洗干净切好，每一斤鸡肉用好酒十二两、盐二钱五分、冰糖四钱，研碎，再酌量加点桂皮，一同放入砂锅中，用文炭火煨炖。如果酒快干了，鸡肉还没有烂，每斤可酌量加一茶杯清开水。

♨ 蘑菇煨鸡

◎ 三字经

好鸡肉	足一斤	好甜酒	放一斤	盐三钱	糖四钱
选蘑菇	要新鲜	文火煨	两枝香	勿用水	须牢记
先煨鸡	八分熟	再下入	鲜蘑菇		

【原文】

鸡肉一斤，甜酒一斤，盐三钱，冰糖四钱，蘑菇用新鲜不霉者，文火煨二枝线香为度。不可用水。先煨鸡八分熟，再下蘑菇。

【释文】

鸡肉一斤，加甜酒一斤、盐三钱、冰糖四钱，蘑菇用新鲜没有发霉的，用文火煨二枝线香的工夫。不可加水。须先把鸡肉煨到八成熟，再下蘑菇同煨。

♨ 鸽子

◎ 三字经

妙龄鸽　加火腿　一同煨　味甚佳　没火腿　也可以

【原文】

鸽子加好火腿同煨，甚佳，不用火肉，亦可。

【释文】

鸽子肉加上好火腿同煨很好吃。不用火腿肉也可以。

♨ 鸽蛋

◎ 三字经

煨鸽蛋　其制法　就如同　煨鸡肾　鸽子蛋　还可煎
蛋煎熟　微加醋

【原文】

煨鸽蛋法与煨鸡肾同，或煎食亦可，加微醋亦可。

【释文】

煨制鸽蛋的方法与煨鸡肾一样，　或者煎鸽蛋吃也可以，　加一点点醋也可以。

♨ 野鸭

◎ 三字经

野鸭肉	切厚片	秋油郁	选雪梨	两片梨	夹鸭肉
挂皮糊	用油炮	再炒之	苏州府	包道台	家制法
最精奇	今失传	太可惜	也可用	蒸鸭法	此妙用
蒸后吃	亦可以				

【原文】

野鸭切厚片，酱油郁过，用两片雪梨夹住，炮烦之。苏州包道台家，制法最精，今失传矣。用蒸家鸭法蒸之，亦可。

【释文】

野鸭肉切成厚片，　酱油腌过之后，　用两片雪梨夹住野鸭片，　用油反复炸几遍。苏州包道台家的做法最为精到，　可惜现在已经失传了。　用蒸家鸭的方法蒸野鸭也可以。

♨ 蒸鸭

◎ 三字经

生肥鸭	剔去骨	鸭肚内	放馅料	用糯米	一酒杯
火腿丁	大头菜	香蕈碎	鲜笋丁	秋油酒	小麻油
香葱花	拌均匀	俱灌入	鸭肚内	肚缝上	放盘中
加鸡汤	隔水蒸	此蒸鸭	真定府	太守家	制最精

【原文】

生肥鸭去骨，内用糯米一酒杯、火腿丁、大头菜丁、香蕈、笋丁、酱油、酒、小磨麻油、葱花，俱灌鸭肚内；外用鸡汤，放盘中，隔水蒸透。此真定魏太守家法也。

【释文】

生肥鸭去掉骨头。糯米一酒杯、火腿丁、大头菜丁、香菇、笋丁、酱油、酒、小磨麻油、葱花，全都灌进鸭肚子里面。然后把整只鸭子浸在鸡汤中装盘，隔水蒸透。这是真定魏太守家的烹制方法。

♨ 鸭糊涂

◎ 三字经

用肥鸭	白水煮	八分熟	冷去骨	拆成块	型天然
既不方	也不圆	下原汤	继续煮	加调料	盐三钱
酒半斤	麻山药	捶碎了	同下锅	来作纤	临煨烂
加姜末	香菇碎	香葱花	要汤浓	放粉纤	没有纤
以香芋	代山药	味道好	口感妙		

【原文】

用肥鸭，白煮八分熟，冷定去骨，拆成天然不方不圆之块，下原汤内煨，加盐三钱、酒半斤，捶碎山药，同下锅作纤。临煨烂时，再加姜末、香蕈、葱花。如要浓汤，加放粉纤。以芋代山药亦妙。

【释文】

把肥鸭用白水煮到八成熟，晾凉后去掉骨头，拆成不方不圆的自然块，再下到原汤里煨。煨时加盐三钱、酒半斤，捶碎的山药也同时下到锅里作为芡料。临煨烂时，再加姜末、香菇、葱花。如果想要汤浓一些，再加放一些淀粉芡。用芋薯代替山药也很好吃。

♨ 卤鸭

◎ 三字经

做卤鸭	有妙法	只用酒	勿需水	煮熟了	鸭去骨
加作料	拌食之	此卤鸭	粤肇庆	杨公家	制最精

【原文】

不用水，用酒煮。鸭去骨，加作料食之。高要令杨公家法也。

【释文】

不用水，只用酒煮。煮熟后去掉鸭骨头，拌上作料食用。这是高要县令杨公家的做法。

♨ 鸭脯

◎ 三字经

将肥鸭　斩大块　酒半斤　好秋油　加一杯　笋香菇
姜葱花　焖煨熟　收浓汁　再起锅

〔原文〕

用肥鸭斩大方块，用酒半斤、酱油一杯、笋、香蕈、葱花闷之，收卤
起锅。

〔释文〕

把肥鸭斩成大方块，加酒半斤、酱油一杯、笋、香菇、葱花在锅里慢慢焖
熟，最后收干卤汁起锅。

♨ 烧鸭

◎ 三字经

用雏鸭　上叉烧　冯观察　法最妙

〔原文〕

用雏鸭，上叉烧之。冯观察家厨最精。

〔释文〕

把雏鸭叉在叉子上烧烤。冯观察家厨子做得最为精到。

♨ 挂卤鸭

◎ 三字经

鸭洗净	大京葱	塞鸭腹	放炉中	盖闷烧	水西门
许家店	制最精	此烧鸭	于家中	无条件	不能作
有黄色	黑泛红	此二色	黄者好		

【原文】

塞葱鸭腹，盖闷而烧。水西门许店最精。家中不能作。有黄、黑二色，黄者更妙。

【释文】

把葱塞进鸭腹， 盖上锅盖慢慢焖烧。 水西门许店做得最好。 家中做不出那种味道。 有黄、 黑两种颜色， 黄色的更好吃。

♨ 干蒸鸭

◎ 三字经

杭商人	何星举	干蒸鸭	将肥鸭	洗干净	斩八块
加甜酒	和秋油	淹满鸭	放磁罐	封好口	置干锅
隔火蒸	不用水	吉炭火	以线香	二枝度	干蒸鸭
上桌时	其精肉	烂如泥	方为可		

【原文】

杭州商人何星举家干蒸鸭。将肥鸭一只洗净，斩八块，加甜酒、酱油，淹满鸭面，放磁罐中，封好，置干锅中蒸之。用文炭火，不用水。临上时，其精肉皆烂如泥。以线香二枝为度。

【释文】

　　杭州商人何星举家干蒸鸭的做法是，　将肥鸭一只洗净，　斩成八大块，　加甜酒、酱油，　甜酒。　酱油要淹过鸭子，　放进磁罐中，　封好，　然后在干锅中蒸。　要用文炭火，　不用水。　临上桌时，　鸭子的瘦肉都已软烂如泥。　干蒸的时间以燃尽二枝线香为度。

♨ 野鸭团

◎ 三字经

野鸭胸	细斩茸	加猪油	微加纤	揉成团	入鸡汤
水滚后	给氽熟	或者用	本鸭汤	味亦佳	江苏省
太兴府	孔亲家	制甚精			

【原文】

　　细斩野鸭胸前肉，加猪油、微纤，调揉成团，入鸡汤滚之。或用本鸭汤亦佳。太兴孔亲家制之甚精。

【释文】

　　细细斩切野鸭胸前肉，　加猪油和一点点芡粉，　调揉成团，　在鸡汤里滚熟；　或者直接用煮鸭子的汤也很好。　太兴孔亲家做的野鸭团很是好吃。

♨ 徐鸭

◎ 三字经

新鲜鸭	选硕大	鸭宰杀	破开膛	将清水	洗净后
用洁布	拭干后	入钵里	百花酒	十二两	加青盐
两二钱	滚烫水	一汤碗	冲化了	去渣沫	兑冷水
七饭碗	鲜姜片	四分厚	约一两	一同入	大瓦钵
将皮纸	封固口	大火笼	要烧透	大炭吉	用三个
二文钱	一个元	外边用	大套包	将火笼	罩定了
不可令	热气跑	约早时	就炖起	至晚上	方炖好
速则恐	其不透	味不佳	其炭吉	烧透后	亦不要
换瓦钵	更不可	掀盖瞧			

【原文】

顶大鲜鸭一只，用百花酒十二两，青盐一两二钱，滚水一汤碗，冲化去渣沫，再换冷水七饭碗，鲜姜四厚片，约重一两，同入大瓦盖钵内，将皮纸封固口；用大火笼烧透大炭吉三元（约二文一个）。外用套包一个，将火笼罩定，不可令其走气。约早点时炖起，至晚方好。速则恐其不透，味便不佳矣。其炭吉烧透后，不宜更换瓦钵，亦不宜预先开看。鸭破开时，将清水洗后，用洁净无浆布拭干入钵。

【释文】

选取特别大的一只鲜鸭，破开后，用清水洗干净，然后用洁净无浆布擦干，放入大瓦盖钵内。准备百花酒十二两，青盐一两二钱，盐用滚开水一汤碗冲化，去掉渣子碎末，再换成冷水七饭碗，鲜姜四厚片，约重一两。以上原料也一同加入钵内，用皮纸将钵口封严实。瓦盖钵放在大火笼上，烧完约二文一个的大炭吉三元。外面用套包一个，把火笼罩住，不要让热气跑掉。大约吃早饭时开始炖，到晚上才能炖好。 炖的时间短恐怕炖不透， 味道便会不好。 炭吉烧完后， 不要更换瓦钵， 也不要预先打开察看。

♨ 煨麻雀

◎ 三字经

取麻雀	五十只	以清酱	好甜酒	煨煮之	成熟后
去爪脚	取雀胸	与头肉	放盘中	甘鲜美	其他鸟
各类鹊	俱类推	但鲜者	很难得	苏州府	薛生白
常劝人	勿食用	人豢养	之禽物	野禽鲜	易消化

【原文】

取麻雀五十只，以清酱、甜酒煨之；熟后去爪脚，单取雀胸头肉，连汤放盘中，甘鲜异常。其他鸟鹊俱可类推。但鲜者一时难得。薛生白常劝人："勿食人间豢养之物。"以野禽味鲜，且易消化。

【释文】

取麻雀五十只， 用清酱、 甜酒煨， 熟后去掉脚爪， 只要胸脯肉， 连汤一起放在盘中吃， 甘鲜异常。 其他鸟鹊也可依此类推， 只是新鲜的一时难以得到。 薛生白常劝人们不要吃人们饲养的家禽家畜， 因为野禽味道更鲜， 并且容易消化。

♨ 煨鹌鹑、黄雀

◎ 三字经

鹌鹑雀	六合产	质最佳	有现成	制好者	黄雀用
苏州糟	加蜜酒	下作料	煨酥烂	鹌鹑与	煨麻雀

法相同　苏州府　沈观察　煨黄雀　骨如泥　不知作
何制法　沈府家　炒鱼片　质亦精　其厨馔　技之精
合吴门　推第一

【原文】

鹌鹑用六合来者最佳。有现成制好者。黄雀用苏州糟，加蜜酒煨烂，下作料，与煨麻雀同。苏州沈观察煨黄雀，并骨如泥，不知作何制法。炒鱼片亦精。其厨馔之精，合吴门推为第一。

【释文】

鹌鹑用六合出产的最好。 那里有现成制好的。 黄雀要用苏州产的米糟加上蜜酒煨烂， 下的作料与煨麻雀相同。 苏州沈观察做的煨黄雀， 连骨头都煨得如泥一样酥烂， 不知道是怎么做的。 他家的炒鱼片也很精到。 他家厨房饭菜的精美， 在整个苏州应当推为第一名。

♨ 云林鹅

◎ 三字经

倪学士　云林集　载制鹅　以整鹅　洗净后　盐三钱
擦其腹　塞葱帚　填实中　外将蜜　拌上酒　通身抹
满涂均　放锅中　一碗酒　一碗水　共蒸之　竹箸架
不使鹅　身近水　灶内用　茅二束　缓缓烧　尽为度
俟锅冷　揭锅盖　鹅翻身　将锅盖　封好蒸　再用茅
柴一束　慢火烧　尽为度　柴自尽　不可挑　锅盖上
用绵纸　糊封口　火逼燥　有裂缝　以水润　起锅时
但见鹅　烂如泥　汤亦美　以此法　来制鸭　味亦同

每茅柴　一束重　斤八两　擦盐时　串入葱　椒末子
以酒和　云林集　载食品　品甚多　只此法　试颇效
其余菜　俱附会

【原文】

《倪云林集》中载制鹅法：整鹅一只，洗净后，用盐三钱擦其腹内，塞葱一帚，填实其中，外将蜜拌酒通身满涂之；锅中一大碗酒、一大碗水蒸之；用竹箸架之，不使鹅身近水。灶内用山茅二束，缓缓烧尽为度；俟锅盖冷后，揭开锅盖，将鹅翻身，仍将锅盖封好蒸之；再用茅柴一束，烧尽为度。柴俟其自尽，不可挑拨。锅盖用绵纸糊封，逼燥裂缝，以水润之。起锅时，不但鹅烂如泥，汤亦鲜美。以此法制鸭，味美亦同。每茅柴一束，重一斤八两。擦盐时，掺入葱、椒末子，以酒和匀。《云林集》中载食品甚多。只此一法，试之颇效，余俱附会。

【释文】

元朝倪瓒《云林集》中记载有制鹅的方法：整鹅一只，洗净后，用三钱盐涂抹鹅的腹内，再塞一把葱，把鹅肚子填满，外面用蜜拌和的酒涂满鹅的全身。锅中放一大碗酒、一大碗水蒸鹅，蒸时用竹筷子把鹅架起来，不要使鹅身沾上水。炉灶内用山茅两束，慢慢烧完为止；等锅盖冷后，揭开锅盖，将鹅翻个身，把锅盖封好再蒸；炉灶内再用茅柴一束，还以烧完为度。要让柴草自己慢慢燃尽，不可人为挑拨。锅盖要用绵纸糊封好，如果干燥裂缝，则洒点水保持湿度。起锅时，不但鹅烂如泥，汤也很鲜美。用这个法子做鸭子，味道一样鲜美。每一束茅柴，重一斤八两。鹅肚子里抹盐时，可掺入葱、椒末子，以酒和匀即可。《云林集》中记载的食品很多。只有这个方法做起来颇为有效，其余的都属于牵强附会。

♨ 烧鹅

◎ 三字经

杭州城　有烧鹅　为人笑　真不如　自家厨　烧为妙

【原文】

杭州烧鹅，为人所笑，以其生也。不如家厨自烧为妙。

【释文】

杭州的烧鹅常被人嘲笑，因为没做熟，还不如自己家的厨子做得好。

水族有鳞单

鱼皆去鳞，惟鲥鱼不去。我道有鳞而鱼形始全。作「水族有鳞单」。

但凡鱼　皆去鳞

惟鲥鱼　鳞不去

常言道　有鳞鱼

形始全　作水族

有鳞单

♨ 边鱼

◎ 三字经

活边鱼	加酒蒸	秋油淋	呈玉色	如果肉	若呆白
则肉老	而味变	蒸鱼时	须盖好	不可让	锅水气
滴鱼上	临起锅	加香菇	和笋尖	或酒煎	制此菜
只用酒	莫用水	人皆称	假鲥鱼		

【原文】

边鱼活者，加酒、酱油蒸之，玉色为度。一作呆白色，则肉老而味变矣。并须盖好，不可受锅盖上之水气。临起加香蕈、笋尖。或用酒煎亦佳。用酒不用水，号"假鲥鱼"。

【释文】

选活的边鱼，加酒、酱油上锅蒸，蒸到颜色变为玉色为好。一旦变成呆白色，则肉变老而味道也变差了。并且必须盖好锅盖，不要让鱼沾到锅盖上的水气。临起锅时加上香菇、笋尖。或者用酒煎也很好吃。用酒不用水做出的，号称"假鲥鱼"。

♨ 鲫鱼

◎ 三字经

做鲫鱼	要善选	择扁身	色白者	其肉嫩	鲜而松
鱼熟后	手一提	肉落骨	黑脊者	便僵硬	刺槎丫
鱼中喇	其品劣	不可食	照边鱼	蒸法佳	其次煎
亦佳妙	折鱼肉	可作羹	通州人	小火煨	骨尾酥

号酥鱼	但不如	蒸食美	得真味	六合县	有龙池
出鲫鱼	大且嫩	亦称奇	蒸鱼时	只用酒	勿着水
稍放糖	起其鲜	视鲫鱼	之小大	加秋油	酒多寡

【原文】

鲫鱼先要善买。择其扁身而带白色者，其肉嫩而松；熟后一提，肉即卸骨而下。黑脊浑身者，崛强槎丫，鱼中之喇子也，断不可食。照边鱼蒸法，最佳。其次煎吃亦妙。拆肉下，可以作羹。通州人能煨之，骨尾俱酥，号"酥鱼"，利小儿食。然总不如蒸食之得真味也。六合龙池出者，愈大愈嫩，亦奇。蒸时，用酒不用水，稍稍用糖，以起其鲜。以鱼之小大，酌量酱油、酒之多寡。

【释文】

做鲫鱼首先要会买。要挑选那些扁身且带白色的鱼，这种鱼肉质鲜嫩松软，做熟后用手一提，鱼肉即可脱骨而下。黑脊背圆身子的，骨刺粗大坚硬，这种鱼是鱼中的喇子，断不可食。照蒸边鱼的方法做鲫鱼最好吃。其次煎着吃也很好。鱼肉拆下来，可以做成羹。通州人很会煨鲫鱼，连骨尾也都很酥烂，号称"酥鱼"，很适合小儿食用。但总不如蒸着吃能够吃到鱼本来的味道。六合龙池出产的鲫鱼，越大越嫩，很是稀奇。蒸鲫鱼时，用酒不用水，稍稍加点糖，因为糖能提鲜。根据鱼的小大决定加酱油、酒的多少。

♨ 白鱼

◎ 三字经

白鱼肉	最细嫩	上笼屉	糟鲥鱼	同蒸之	味最佳
或冬日	糟爆腌	加酒糟	腌二天	亦味佳	袁子才
在江中	得网起	活白鱼	用酒蒸	鲜嫩美	不可言
糟最佳	不可久	久则木	肉不鲜		

【原文】

白鱼肉最细。用糟鲥鱼同蒸之，最佳。或冬日微腌，加酒酿糟二日，亦佳。余在江中得网起活者，用酒蒸食，美不可言。糟之最佳，不可太久，久则肉木矣。

【释文】

白鱼的肉最细腻，加上糟鲥鱼一起蒸，味道最好。或者冬天里稍微腌一下，加酒酿糟两天也很好。我在江中得到用鱼网刚刚捞上来的活白鱼，用酒蒸食，美不可言。糟白鱼最好吃，但不要糟得时间太长，时间长肉就发木，没有味道。

♨ 季鱼

◎ 三字经

季即鳜	鱼少骨	炒鱼片	味最佳	鱼切片	薄为好
用秋油	腌郁后	加纤粉	蛋清调	入油锅	使素油
加料炒	方为妙				

【原文】

季鱼少骨，炒片最佳。炒者以片薄为贵。用酱油细郁后，用纤粉、蛋清搂之；入油锅炒，加作料炒之。油用素油。

【释文】

季鱼骨头较少，炒鱼片最好。炒时鱼片切得越薄越好。用酱油稍稍腌渍后，用芡粉、蛋清调拌均匀，入油锅，加作料炒。油要用素油。

♨ 土步鱼

◎ 三字经

土步鱼　名塘鳢　杭州城　为上品　而金陵　人贱之
尽呼之　虎头蛇　令人笑　此步鱼　肉最细　煎煮蒸
均可以　加腌芥　作汤羹　味尤鲜

【原文】

杭州以土步鱼为上品，而金陵人贱之，目为虎头蛇，可发一笑。肉最松嫩，煎之、煮之、蒸之俱可。加腌芥作汤、作羹，尤鲜。

【释文】

杭州人认为土步鱼是上等的鱼，金陵人却瞧不上，认为这种鱼就是虎头蛇。他们的看法可引人一笑。其实土步鱼的肉最松嫩，煎、煮、蒸都可以。加腌芥做汤、做羹，味道尤其鲜美。

♨ 鱼松

◎ 三字经

用青鱼　或草鱼　蒸熟后　肉拆下　放油锅　灼黄色
加盐花　葱与椒　瓜和姜　料齐全　冬日里　封瓶中
可以存　一月余

【原文】

用青鱼、鲔鱼蒸熟，将肉拆下，放油锅中灼之，黄色，加盐花、葱、椒、瓜、姜。冬日封瓶中，可以一月。

【释文】

将青鱼、鲩鱼蒸熟，把肉拆下来，放在油锅中炸成黄色，加进盐花、葱、椒、瓜、姜等。冬日封在瓶子里，可以保存一个月不变坏。

♨ 鱼圆

◎ 三字经

活白鱼	或青鱼	剖两半	钉板上	用刀刃	刮下肉
留鱼刺	在板上	肉斩茸	用豆粉	猪油拌	手搅之
少许盐	葱姜汁	不放酱	做成团	放滚水	锅中煮
熟捞起	冷水养	临吃时	入鸡汤	添紫菜	味极鲜

【原文】

用白鱼、青鱼活者，剖半钉板上，用刀刮下肉，留刺在板上。将肉斩化，用豆粉、猪油拌，将手搅之。放微微盐水，不用清酱。加葱、姜汁作团，成后，放滚水中煮熟，撩起，冷水养之。临吃，入鸡汤、紫菜滚。

【释文】

选用活白鱼、青鱼，剖成两半，钉在板上，用刀刮下肉，刺则留在板上。将肉斩化成肉茸，加豆粉、猪油调拌，用手搅和。放一丁点盐水，不用清酱。再加葱、姜汁做成团子。做好后，放在滚水中煮熟，捞起，放在冷水中养着。临吃时，放进鸡汤里加紫菜烧滚即可。

149

♨ 鱼片

◎ 三字经

取青鱼　季鱼片　秋油郁　蛋清拌　加粉纤　起油锅
旺火爆　加葱椒　瓜和姜　小盘盛　只六两　量过多
锅不热　气不透

〖原文〗

取青鱼、季鱼片，酱油郁之，加纤粉、蛋清，起油锅炮炒，用小盘盛起，加葱、椒、瓜、姜。极多不过六两，太多则火气不透。

〖释文〗

选用青鱼、季鱼片成鱼片，用酱油腌过，加芡粉、蛋清拌匀，油烧热急炒，最后用小盘盛起，加葱、椒、瓜、姜。炒一次最多不超过六两，太多的话就会炒不透。

♨ 连鱼豆腐

◎ 三字经

大鲢鱼　上锅煎　加豆腐　喷酱水　放葱酒　待汤色
半红时　可起锅　其鱼头　特别鲜　味尤美　此鱼头
杭州菜　酱多少　相鱼头　量而行

〖原文〗

用大连鱼煎熟，加豆腐，喷酱水、葱、酒滚之，俟汤色半红起锅。其头味尤美。此杭州菜也。用酱多少，须相鱼而行。

【释文】

把大连鱼煎熟， 加进豆腐， 放入酱水， 再加葱、 酒烧滚， 等到汤色半红时起锅。 鱼头味道尤其鲜美。 这是一道杭州菜。 用酱的多少， 须根据鱼的大小而定。

醋搂鱼

◎ 三字经

活青鱼	切大块	油灼之	加酱醋	酒喷之	汤要多
鱼熟后	速起锅	此道菜	杭西湖	五柳居	最有名
而如今	因酱臭	鱼也败	太可惜	相比下	宋嫂鱼
徒虚名	梦粱录	不足信	做此鱼	不可大	鱼如大
味不入	亦勿小	鱼过小	则刺多		

【原文】

用活青鱼，切大块，油灼之，加酱、醋，酒喷之。汤多为妙。俟熟即速起锅。此物杭州西湖上五柳居最有名，而今则酱臭而鱼败矣。甚矣！宋嫂鱼羹，徒存虚名，《梦粱录》[③]不足信也。鱼不可大，大则味不入；不可小，小则刺多。

【释文】

选用活青鱼， 切成大块， 用油炸， 加入酱、 醋， 酒等调料。 这道菜以汤多为妙。 一熟即迅速起锅。 这道菜杭州西湖边上的五柳居早先做得最有名， 今天却是酱臭鱼败， 大不如前， 太不可思议了。 剩下的宋嫂鱼羹， 也是仅存了一个虚名，《梦粱录》 的记载不足信也。 做醋搂鱼鱼不要太大， 太大则不入味； 也不要太小， 太小则刺多。

♨ 银鱼

◎ 三字经

| 大银鱼 | 起水时 | 名冰鲜 | 加鸡汤 | 火腿汤 | 来煨煮 |
| 或炒食 | 肉甚嫩 | 干银鱼 | 先泡软 | 用酱水 | 炒亦妙 |

【原文】

银鱼起水时，名冰鲜。加鸡油、火腿煨之，或炒食甚嫩。干者泡软，用酱水炒，亦妙。

【释文】

银鱼刚从水里捞出时名叫"冰鲜"。加鸡油、火腿煨食，或者炒着吃也很嫩。干银鱼泡软后用酱水炒，也很好。

♨ 台鲞

◎ 三字经

同台鲞	分好丑	出台州	松门鲞	质最佳	肉松软
而鲜肥	生时拆	作小菜	不必煮	亦能食	用鲜肉
一同煨	须肉烂	再放鲞	如不然	肉未熟	鲞消化
踪影无	观不见	熟后冷	为鲞冻	绍兴人	过年菜

【原文】

台鲞好丑不一。出台州松门者为佳，肉软而鲜肥。生时拆之，便可当作小菜，不必煮食也。用鲜肉同煨，须肉烂时放鲞，否则鲞消化不见矣。冻之即为鲞冻。绍兴人法也。

【释文】

台鲞质量好坏不一， 以台州松门出产的最好。 肉软嫩鲜肥， 刚捞出时拆下肉来， 便可当作小菜， 不必煮熟了才能吃。 和鲜肉一同煨煮， 必须等肉烂了再放台鲞， 否则台鲞就会被煮化而看不见。 熟鲞放凉后就是鲞冻。 这是绍兴人的做法。

♨ 糟鲞

◎ 三字经

冬日里	大鲤鱼	先腌后	再风干	入酒糟	置坛中
封其口	夏日食	作糟鲞	独忌讳	烧酒泡	用烧酒
生辣味	人不食

【原文】

冬日用大鲤鱼，腌而干之，入酒糟，置坛中，封口。夏日食之。不可烧酒作泡。用烧酒者，不无辣味。

【释文】

冬天选用大鲤鱼， 腌好后晾干， 放在坛子里， 加入酒糟， 封好坛口。 夏天取出来食用。 不可用烧酒泡发， 用烧酒泡发的就会有辣味。

♨ 虾子勒鲞

◎ 三字经

夏日选	白勒鱼	带子鲞	放水中	泡一日	去盐味
太阳下	晒微干	放锅中	煎一面	金黄色	起放盘
未煎的	另一面	铺虾子	撒白糖	上笼蒸	一炷香
伏天食	味绝妙

【原文】

夏日选白净带子勒鲞，放水中一日，泡去盐味，太阳晒干。入锅油煎，一面黄取起。以一面未黄者铺上虾子，放盘中，加白糖蒸之，一炷香为度。三伏日食之，绝妙。

【释文】

夏天选用白净的带子鲥鱼干，放在水中泡一天，除去盐味，太阳底下晒干。放入锅油煎，见一面煎黄时取出来。在没黄的一面铺上虾子，放在盘中，加白糖上锅蒸一炷香时间。三伏天吃，绝妙。

♨ 鱼脯

◎ 三字经

活青鱼　去头尾　斩方块　盐腌透　次风干　锅中煎
加作料　收卤汁　再加上　炒芝麻　滚拌均　即起锅
此菜肴　苏州法

【原文】

活青鱼去头尾，斩小方块，盐腌透，风干。入锅油煎，加作料收卤，再炒芝麻滚拌，起锅。苏州法也。

【释文】

将活青鱼去掉头尾，斩切成小方块，用盐腌透，风干。放进锅里油煎，加作料收卤，再加进炒好的芝麻滚拌，起锅。这是苏州的烹制方法。

♨ 家常煎鱼

◎ 三字经

要吃鱼	家常煎	须耐性	鱼洗净	切大块	用盐腌
再压扁	入油中	两面煎	金黄色	多加酒	放秋油
用文火	慢慢滚	收卤汁	使作料	味全入	鱼块中
此方法	多用鱼	不活鲜	如活者	速起锅	才为妙

【原文】

家常煎鱼，须要耐性。将鲜鱼洗净，切块，盐腌，压扁；入油中，两面煎黄。多加酒、酱油，文火慢慢滚之；然后收汤作卤，使作料之味全入鱼中。第此法指鱼之不活者而言。如活者，又以速起锅为妙。

【释文】

做家常煎鱼，必须要有耐性。先将鲜鱼洗净，切块，盐腌，压扁；再放入油中，两面煎黄。多加些酒、酱油，用文火慢慢烧滚一会儿；然后把汤收成卤汁，使作料的味道全部进入鱼中。用这个方法主要是对那些不活的鱼而言，如果是活鱼，要以迅速起锅为好。

♨ 黄姑鱼

◎ 三字经

湘岳州	出小鱼	长二寸	晒成干	友寄来	先泡软
加酒腌	剥去皮	放饭锅	蒸而食	味道鲜	此小鱼
当地唤	黄姑鱼				

【原文】

岳州出小鱼，长二三寸。晒干寄来。加酒剥皮，放饭锅上，蒸而食之，味最鲜，号"黄姑鱼"。

【释文】

岳州出产一种小鱼， 二三寸长。 有人晒干了给我寄来。 我把它用酒泡软， 剥掉鱼皮， 放在饭锅上蒸熟了吃， 味道最鲜， 叫它"黄姑鱼"。

水族 无鳞单

鱼无鳞者，其腥加倍，须加意烹饪；以姜、桂胜之。作『水族无鳞单』。

鱼无鳞　其腥倍

烹饪时　须谨慎

以姜桂　而胜之

作水族　无鳞单

♨ 汤鳗

◎ 三字经

白鳝鱼	叫鳗鲡	忌去骨	因此物	性腥重	需谨记
多摆布	失其真	犹鲥鱼	不去鳞	清煨者	鳗一条
洗滑涎	斩寸段	入磁罐	用酒煨	下秋油	熟起锅
加新腌	冬芥菜	做鱼汤	重用葱	与老姜	杀其腥
常熟城	顾比部	用纤粉	加山药	干煨成	菜亦妙
加作料	置盘中	上火蒸	不用水	家致华	蒸鳗佳
秋油酒	四六兑	务使汤	浮于身	起锅时	要恰好
迟皮皱	鲜味走				

【原文】

鳗鱼最忌出骨。因此物性本腥重，不可过于摆布，失其天真，犹鲥鱼之不可去鳞也。清煨者，以河鳗一条，洗去滑涎，斩寸为段，入磁罐中，用酒水煨烂，下酱油起锅，加冬腌新芥菜作汤，重用葱、姜之类，以杀其腥。常熟顾比部家，用纤粉、山药干煨，亦妙。或加作料，直置盘中蒸之，不用水。家致华分司蒸鳗最佳。酱油、酒四六兑，务使汤浮于本身。起笼时，尤要恰好，迟则皮皱味失。

【释文】

鳗鱼最忌讳剔出骨头烹制。这种鱼本身腥味很重，因此索性不要过于人为摆布而使它失去本来的特点，就好像鲥鱼不可去鳞一样。清煨的，准备河鳗一条，洗去身上的黏液，斩成一寸长的段，放入磁罐中，用酒水煨烂，下酱油起锅，再加冬天新腌的芥菜做成汤，多用葱、姜之类的作料，以除去腥气。常熟顾比部家，用芡粉、山药干煨鳗鱼，也很好。或者加作料直接放在盘子里蒸，不用加水，家致华分司家用这种方法做的蒸鳗最好吃。酱油和酒按四六比例兑好，一定要使汤盖过鱼身。起笼时间尤其要恰到好处，迟了就会起皱，味道也会失真。

♨ 红煨鳗

◎ 三字经

鳗用酒	水煨烂	加甜酱	加秋油	入锅煮	汤煨干
加茴香	和大料	煨鳗鱼	有三弊	宜戒之	皮起皱
便不酥	肉散碗	夹不起	早下盐	硬不化	扬州府
朱分司	法最妙	制最精	红煨者	干为贵	使卤味
入鳗中					

【原文】

鳗鱼用酒、水煨烂，加甜酱代酱油入锅，收汤煨干，加茴香、大料起锅。有三病宜戒者：一皮有皱纹，皮便不酥；一肉散碗中，箸夹不起；一早下盐豉，入口不化。扬州朱分司家，制之最精。大抵红煨者，以干为贵，使卤味收入鳗肉中。

【释文】

鳗鱼用酒和水煨烂，锅里加甜酱代替酱油，煨干收汤，加茴香、大料起锅。做红煨鳗鱼有三种毛病应当避免：一是皮有皱纹，皮肉不酥松；一是肉散在碗中，筷子夹不起来；一是盐下得过早，鱼肉入口硬结不化。扬州朱分司家做的红煨鳗最为精到。一般来说，做红煨鳗，以收干汤汁为好，这样卤汁的味道就能被吸收到鳗鱼肉中。

〰 炸鳗

◎ 三字经

大鳗鱼	去首尾	寸断之	用麻油	炸熟起	鲜蒿菜
选嫩尖	入锅中	原油炒	将鳗鱼	铺菜上	加作料
上火煮	一炷香	蒿分量	鱼一半		

【原文】

择鳗鱼大者，去首尾，寸断之。先用麻油炸熟，取起。另将鲜蒿菜嫩尖入锅中，仍用原油炒透，即以鳗鱼平铺菜上，加作料，煨一炷香。蒿菜分量，较鱼减半。

【释文】

选择比较大的鳗鱼去掉头尾，切成一寸长的段。先用麻油炸熟，取出来。另将鲜蒿菜嫩尖放入锅中，用原来炸鱼的油炒透；再把鳗鱼平铺在菜上，加作料，煨煮一炷香工夫。蒿菜的分量要比鱼肉少一半。

〰 生炒甲鱼

◎ 三字经

| 将甲鱼 | 煮去骨 | 用麻油 | 炮炒之 | 加秋油 | 整一杯 |
| 添鸡汁 | 又一杯 | 此真定 | 魏太守 | 家中法 | 味独绝 |

【原文】

将甲鱼去骨，用麻油炮炒之，加酱油一杯、鸡汁一杯。此真定魏太守家法也。

【释文】

将甲鱼去掉骨头，用麻油猛火急炒，加酱油一杯、鸡汁一杯。这是真定魏太守家的做法。

♨ 酱炒甲鱼

◎ 三字经

将甲鱼	煮半熟	除去骨	起油锅	油爆炒	加酱水
葱与椒	慢收汤	汁成卤	再起锅	此甲鱼	杭州法

【原文】

将甲鱼煮半熟，去骨，起油锅炮炒，加酱水、葱、椒，收汤成卤，然后起锅。此杭州法也。

【释文】

将甲鱼煮到半熟去掉骨头，起油锅猛火急炒，加酱水、葱椒，把汤收成卤，然后起锅。这是杭州人的做法。

♨ 带骨甲鱼

◎ 三字经

童甲鱼	半斤重	斩四块	加脂油	有三两	油锅煎
两面黄	加清水	秋油酒	先武火	后文火	煨八分
熟加蒜	起锅前	放葱姜	少放糖	鳖宜小	不宜大
人常说	童子鳖	肉才嫩	此正理		

【原文】

要一个半斤重者，斩四块，加脂油三两，起油锅煎两面黄，加水、酱油、酒煨。先武火，后文火。至八分熟，加蒜起锅。用葱、姜、糖。甲鱼宜小不宜大，俗号"童子脚鱼"才嫩。

【释文】

准备一个半斤重的甲鱼，斩成四块，锅里加脂油三两烧热，甲鱼煎到两面黄时，加水、酱油、酒煨煮。先用大火，后用小火，到八成熟时，加蒜起锅。煨时还要放入葱、姜、糖。甲鱼宜小不宜大，俗名叫"童子脚鱼"的甲鱼，那才叫嫩。

♨ 青盐甲鱼

◎ 三字经

大脚鱼	斩四块	起油锅	油炸透	鳖一斤	酒四两
大茴香	放三钱	盐钱半	煨半好	猪脂油	整二两
切豆块	入再煨	加蒜头	嫩笋尖	起锅时	用葱椒
好秋油	不加盐	此制法	苏州府	唐静涵	家厨法
甲鱼大	肉则老	甲鱼小	味则腥	必须选	中等者

【原文】

斩四块，起油锅炮透。每甲鱼一斤，用酒四两、大茴香三钱、盐一钱半，煨至半好，下脂油二两，切小骰块，再煨，加蒜头、笋尖，起时，用葱椒，或用酱油，则不用盐。此苏州唐静涵家法。甲鱼大则老，小则腥，须买其中样者。

【释文】

把甲鱼斩成四大块，油烧热猛火炒透。每一斤甲鱼，加酒四两、大茴香三钱、 盐一钱半， 煨到半熟时， 取出甲鱼切成小骰块， 下入脂油二两， 再煨。 煨时加蒜头、 笋尖， 起锅时再加葱、 椒。 如果用酱油， 就不用加盐了。 这是苏州唐静涵家的熟制方法。 甲鱼太大则肉老， 太小则味腥， 因此必须买不大不小的。

♨ 汤煨甲鱼

◎ 三字经

将甲鱼	水煮熟	除去骨	肉拆碎	用鸡汤	秋油酒
小火煨	汤二碗	收一半	剩一碗	起锅时	用葱椒
姜末糁	吴竹屿	制最佳	做此菜	微用纤	汤才腻

【原文】

将甲鱼白煮，去骨拆碎，用鸡汤、秋油、酒煨；汤二碗收至一碗起锅，用葱、椒、姜末糁之。吴竹屿家制之最佳。微用芡才得汤腻。

【释文】

甲鱼用白水煮， 煮好后去掉骨头拆碎鱼肉， 加鸡汤、 酱油、 酒煨煮。 见汤由两碗收到一碗时起锅， 和进葱、 椒、 姜末。 吴竹屿家做得最好。 稍微勾点芡才能使汤汁浓腻。

♨ 全壳甲鱼

◎ 三字经

山东人	杨参将	制甲鱼	去首尾	取其肉	与边裙
加作料	煮煨好	以原壳	覆肉上	每宴客	客之前
以小盘	献甲鱼	见者惊	犹虑动	只可惜	未传法

【原文】

山东杨参将家，制甲鱼去首尾，取肉及裙，加作料煨好，仍以原壳覆之。每宴客，一客之前以小盘献一甲鱼。见者悚然，犹虑其动。惜未传其法。

【释文】

山东杨参将家做甲鱼，去掉头尾，只留下肉和裙边，再加作料煨好，上桌时仍然用原来的甲鱼壳盖好。每次招待客人，每位客人面前用小盘献上一只甲鱼。客人一见之下，都感到有些吃惊，怀疑那甲鱼会动起来。可惜的是做法没有得到。

♨ 鳝丝羹

◎ 三字经

小鳝鱼	煮半熟	划去骨	加黄酒	秋油煨	微用纤
金针菜	冬瓜丝	长葱段	制为羹	味美鲜	南京厨
制鳝鱼	炸为炭	此为何	不可解		

【原文】

鳝鱼煮半熟，划丝去骨，加酒、秋油煨之，微用纤粉，用金针菜、冬瓜、长葱为羹。南京厨者，辄制鳝为炭，殊不可解。

【释文】

把半熟的鳝鱼，划成丝去掉骨头，加酒、酱油煨煮，稍微勾一点芡粉，再加金针菜、冬瓜、长葱做成羹。南京的厨师，动辄就把鳝鱼做得跟炭一样硬，真不可理解。

♨ 炒鳝

◎ 三字经

拆鳝丝　炒略焦　如炒肉　如炒鸡　此方法　不用水

【原文】

拆鳝丝，炒之略焦，如炒肉鸡之法。不可用水。

【释文】

鳝鱼拆成丝，炒得略微焦一点，如同炒鸡肉的方法一样。不可加水。

♨ 段鳝

◎ 三字经

大鳝鱼　切寸段　照煨鳗　法煨之　或先用　热油炙
使肉坚　用冬瓜　鲜竹笋　香菇配　用酱水　重姜汁

【原文】

切鳝以寸为段，照煨鳗法煨之。或先用油炙，使坚，再以冬瓜、鲜笋、香蕈作配，微用酱水，重用姜汁。

【释文】

把鳝鱼切成一寸长的段，按照煨鳗鱼的方法煨煮。或者先用油煎使鳝鱼变硬，再配上冬瓜、鲜笋、香菇，少用酱水，多用姜汁。

♨ 虾圆

◎ 三字经

制虾圆　照鱼圆　鸡汤煨　炒亦可　捶虾时　不宜细
恐失去　虾真味　如鱼圆　或直接　剥虾肉　以紫菜
拌之食　味亦佳

【原文】

虾圆照鱼圆法。鸡汤煨之，干炒亦可。大概捶虾时，不宜过细，恐失真味。鱼圆亦然。或竟剥虾肉，以紫菜拌之，亦佳。

【释文】

做虾圆可按照做鱼圆的方法。 用鸡汤煨， 干炒也可以。 大概捶虾时不宜捶得过细，以免失去虾本来的味道。 做鱼圆也是如此。 或者干脆剥出虾肉， 用紫菜拌着吃也很好。

♨ 虾饼

◎ 三字经

取鲜虾　剥去皮　肉捶烂　团而煎　即虾饼　加马蹄
亦可蒸　此味鲜

【原文】

以虾捶烂，团而煎之，即为虾饼。

【释文】

把虾捶烂， 捏成团用油煎， 就是虾饼。

♨ 醉虾

◎ 三字经

带壳虾　以酒炙　黄捞起　加清酱　醋煨之　用碗焖
临食时　放盘中

【原文】

带壳，用酒炙黄，捞起，加清酱、米醋煨之，用碗闷之。临食，放盘
中，其壳俱酥。

【释文】

虾带壳用酒煎黄，捞起，加清酱、米醋煨煮，再用碗焖住。临食时，再放
回盘中，虾的壳和肉都变得酥香了。

♨ 炒虾

◎ 三字经

炒虾米　如炒鱼　可配韭　或用笋　腌芥菜　则不可
虾捶扁　留虾尾　单炒之　制法新

【原文】

炒虾照炒鱼法，可用韭配。或加冬腌芥菜，则不可用韭矣。有捶扁其
尾单炒者，亦觉新异。

【释文】

炒虾可按照炒鱼的方法，可以配上韭菜。也有配冬天腌的芥菜的，如此则不要

用韭菜了。 也有把虾尾巴捶扁了单炒的， 让人觉得很新鲜。

♨ 蟹

◎ 三字经

大闸蟹	宜独食	不搭配	其他物	最好以	淡盐汤
来煮熟	自己剥	自己食	最为妙	蒸熟者	味虽全
却寡淡	无乐趣				

【原文】

蟹宜独食，不宜搭配他物。最好以淡盐汤煮熟，自剥自食为妙。蒸者味虽全，而失之太淡。

【释文】

螃蟹适宜单独食用， 不宜搭配其他菜肴。 最好是用淡盐水煮熟， 自剥自食为好。 蒸熟的螃蟹原味虽然得以保全， 但缺陷是味道太淡。

♨ 蟹羹

◎ 三字经

蟹煮熟	剥蟹肉	作为羹	原汤煨	不可以	加鸡汁
以独用	最为妙	见俗厨	蟹羹中	加鸭舌	或鱼翅
或海参	不仅夺	蟹鲜味	反而惹	其腥恶	岁极矣

【原文】

剥蟹为羹，即用原汤煨之，不加鸡汁，独用为妙。见俗厨从中加鸭舌，或鱼翅，或海参者，徒夺其味，而惹其腥恶劣，极矣！

【释文】

剥蟹肉作羹，最好是用原汤煨之，不加鸡汁，单独烹制为好。曾见一些低俗的厨师在其中加鸭舌，或鱼翅，或海参等。既夺去了蟹的鲜味，又惹上了蟹的腥味，实在可恶！

♨ 炒蟹粉

◎ 三字经

大闸蟹　以现剥　马上炒　蟹味佳　不能放　两时辰
则肉干　蟹味失

【原文】

以现剥现炒之蟹为佳。过两个时辰，则肉干而味失。

【释文】

炒蟹粉以现剥现炒的为最好，剥出蟹肉搁两个时辰，则因肉质变干而失去美味。

♨ 剥壳蒸蟹

◎ 三字经

蟹煮熟　剥蟹壳　剪蟹脚　拆蟹肉　取蟹黄　加鸡蛋
五六只　搅均匀　置壳中　上笼蒸　上桌时　似整蟹
惟去爪　相比之　炒蟹粉　有新意　杨兰坡　以南瓜
肉拌蟹　味新奇

【原文】

将蟹剥壳，取肉、取黄，仍置壳中，放五六只在生鸡蛋上蒸之。上桌时完然一蟹，惟去爪脚。比炒蟹粉觉有新色。杨兰坡明府，以南瓜肉拌蟹，颇奇。

【释文】

先将蟹壳剥去洗净， 取出肉和黄， 仍放回壳中。 放五六只这样的壳在生鸡蛋上蒸。 上桌时俨然就是一只完整的螃蟹， 只是去掉了脚爪。 这么做觉得比炒蟹粉还新颖。 杨兰坡明府家， 用南瓜肉拌蟹， 很新奇。

蛤蜊

◎ 三字经

剥蛤肉　加韭菜　炒最佳　或做汤　加豆腐　味绝鲜
但须快　迟便枯

【原文】

剥蛤蜊肉，加韭菜炒之佳。或为汤亦可。起迟便枯。

【释文】

剥出蛤蜊肉， 和韭菜同炒味道很好。 或者做汤也可以。 起锅一迟肉便干枯无味。

♨ 蚶

◎ 三字经

毛蚶子	三吃法	热开水	烫半熟	去蚶盖	加黄酒
好秋油	做醉蚶	或者用	鸡汤滚	可去盖	去其盖
肉作羹	宜速起	迟肉枯	蚶鲜美	出奉化	品质在
车螯蛤	味之上				

【原文】

蚶有三吃法：用热水喷之半熟，去盖，加酒、秋油醉之；或用鸡汤滚熟，去盖入汤；或全去其盖，作羹亦可。但宜速起，迟则肉枯。蚶出奉化县，品在蚶螯、蛤蜊之上。

【释文】

蚶有三种吃法：用热水烫到半熟，去壳，加酒、酱油腌上；或者用鸡汤滚熟，去壳，再放回汤中；或者把壳全部去掉，仅留下肉作羹也可以。但是要快速起锅，起锅慢了肉就干枯无味。蚶出产在奉化县，品质比蚶螯、蛤蜊还好。

♨ 车螯

◎ 三字经

五花肉	先切片	用作料	给焖烂	将车螯	清洗净
麻油炒	将肉片	连汁卤	放入烹	做此菜	秋油重
方得味	加豆腐	也可以	车螯从	扬州来	虑路远
螯易坏	去其壳	取中肉	置猪油	可远行	晒干者
味亦佳	加火腿	鸡汤烹	其味在	蛏干上	可捶烂
车螯肉	作成饼	如虾饼	上火煎	临吃时	加作料

【原文】

先将五花肉切片，用作料闷烂。将车螯洗净，麻油炒，仍将肉片连卤烹之。秋油要重些，方得有味。加豆腐亦可。车螯从扬州来，虑坏，则取壳中肉置猪油中，可以远行。有晒为干者，亦佳。入鸡汤烹之，味在蛏干之上。捶烂车螯作饼，如虾饼样煎吃，加作料亦佳。

【释文】

先将五花肉切成片，加作料焖烂。将车螯洗净，用麻油炒一下，再放进肉片和卤汁中成菜。酱油要多放些，才有味道。加豆腐也可以。车螯从扬州运来，担心变坏，可以把肉从壳中取出来放在猪油中，这样就能走远路。有把车螯晒成干品的，也很好。车螯干放进鸡汤里煮，味道比蛏干更好。把车螯捶烂做成饼，如虾饼那样煎着吃，加作料也很好。

♨ 程泽弓蛏干

◎ 三字经

大商人	程泽弓	制蛏法	有绝门	将蛏干	用冷水
泡一日	滚水煮	两整日	勤撇汤	换五次	蛏子干
长一寸	发开后	成二寸	如鲜蛏	如质劣	入鸡汤
再煨之	可改观	扬州人	学试制	俱不如	程家好

【原文】

程泽弓商人家制蛏干，用冷水泡一日，滚水煮两日，撇汤五次。一寸之干，发开有二寸，如鲜蛏一般，才入鸡汤煨之。扬州人学之，俱不能及。

【释文】

程泽弓商人家制作的蛏干，要用冷水泡一天，滚水煮两天，换五次水。一寸的干发开了有两寸大， 好像鲜蛏一样， 这才放入鸡汤里煨煮。 扬州人学习这种做法， 但却都赶不上。

〰 鲜蛏

◎ 三字经

烹蛏法　车螯同　单独炒　也亦可　何春巢　用蛏汤
煮豆腐　非常好

【原文】

烹蛏， 法与车螯同， 单炒亦可。何春巢家蛏汤豆腐之妙， 竟成绝品。

【释文】

烹饪鲜蛏， 方法与车螯相同， 单炒也可以。 何春巢家做的蛏汤豆腐， 好得简直称得上是绝品。

〰 水鸡

◎ 三字经

水鸡者　去身脊　只用腿　先油灼　加秋油　和甜酒
瓜姜炒　熟起锅　或拆肉　爆炒之　味似鸡　嫩无比

【原文】

水鸡去身，用腿。先用油灼之，加秋油、甜酒、瓜、姜起锅。或拆肉炒之，味与鸡相似。

【释文】

把青蛙去掉身子，只用腿。先用油炸一下，再加酱油、甜酒、瓜、姜起锅。或者把肉拆下来炒，味道与鸡肉相似。

♨ 熏蛋

◎ 三字经

将鸡蛋　先煮熟　剥去壳　加料煨　入味后　再微熏
切成片　放盘中　以佐餐

【原文】

将鸡蛋加作料煨好，微微熏干，切片放盘中，可以佐膳。

【释文】

将鸡蛋加作料煨好，稍微熏干，切成片放在盘中，可以当作一道佐餐的菜。

♨ 茶叶蛋

◎ 三字经

蛋百个　盐一两　粗茶叶　一小撮　小火煮　两枝香
如鸡蛋　五十个　料减半　盐五钱　视蛋数　料加减
煨好后　作早点

【原文】

鸡蛋百个，用盐一两。粗茶叶煮，两枝线香为度。如蛋五十个，只用五钱盐，照数加减。可作点心。

【释文】

　　鸡蛋一百个，　用盐一两。　用粗茶叶煮燃尽两枝线香的时间。　如是五十个鸡蛋，只用五钱盐，　按照这个比例加减。　茶叶蛋可以当作点心。

杂素单

菜有荤素，犹衣有表里也。富贵之人嗜素，甚于嗜荤。作『素菜单』。

菜有荤　亦有素

犹衣着　分表里

有内衣　有外袍

富贵人　喜嗜素

甚嗜荤　杂素单

♨ 蒋侍郎豆腐

◎ 三字经

嫩豆腐	去皮边	每块切	十六片	风晾干	猪油煎
熬七成	冒清烟	下豆腐	略洒盐	放一撮	翻身煎
好甜酒	一茶盏	大虾米	百二十	如无有	可替之
三百个	尽小虾	但则用	滚泡发	一时辰	加秋油
一小杯	再滚后	糖一撮	三滚后	用细葱	半寸许
放百廿	缓起锅				

【原文】

豆腐两面去皮，每块切成十六片，晾干。用猪油熬，青烟起才下豆腐，略洒盐花一撮，翻身后，用好甜酒一茶杯、大虾米一百二十个（如无大虾米，用小虾米三百个，先将虾米滚泡一个时辰）、秋油一小杯，再滚一回，加糖一撮，再滚一回，用细葱半寸许长，一百二十段，缓缓起锅。

【释文】

豆腐两面去皮，每块切成十六片，晾干。用猪油热炸，但要等猪油起青烟再下豆腐，炸时略微洒一撮盐花，炸好一面翻身炸另一面，然后加入好甜酒一茶杯、大虾米一百二十个（如果没有大虾米，就用小虾米三百个，之前要先将虾米用水滚泡一个时辰）、酱油一小杯，烧滚，再加一点糖，再烧滚一回，加入半寸许长细葱一百二十段，慢慢起锅。

♨ 杨中丞豆腐

◎ 三字经

嫩豆腐　泉水煮　去豆气　入鸡汤　开锅后　鳇鱼片
一起放　加糟油　香菇块　再起锅　制此菜　鸡汁浓
鳇鱼片　要片薄

【原文】

用嫩豆腐煮去豆气，入鸡汤，用鳇鱼片滚数刻，加糟油、香蕈起锅。鸡汁须浓，鱼片要薄。

【释文】

选嫩豆腐用水煮去豆腥气，放入鸡汤里，加鳇鱼片烧滚一会儿，加糟油、香菇起锅。鸡汁要浓厚，鱼片要切薄。

♨ 张恺豆腐

◎ 三字经

将虾米　全捣碎　入腐中　起油锅　加作料　干炒成

【原文】

将虾米捣碎，入豆腐中，起油锅，加作料干炒。

【释文】

将虾米捣碎放入豆腐中，起油锅，加作料干炒。

♨ 庆元豆腐

◎ 三字经

将豆豉　一茶杯　水泡烂　入豆腐　同锅炒　味道足

【原文】

将豆豉一茶杯，水泡烂，入豆腐同炒，起锅。

【释文】

把豆豉一茶杯用水泡烂，放入豆腐同炒至熟，起锅。

♨ 芙蓉豆腐

◎ 三字经

用腐脑　放井水　泡三次　去豆气　入鸡汤　小火滚
起锅时　加紫菜　放虾肉　味道鲜

【原文】

用腐脑，放井水泡三次，去豆气，入鸡汤中滚。起锅时加紫菜、虾肉。

【释文】

将豆腐脑放在井水里泡三次，去掉豆腥气，放进鸡汤中烧滚。起锅时加紫菜、虾米。

♨ 王太守八宝豆腐

◎ 三字经

嫩豆腐	切粉碎	加香菇	蘑菇屑	松仁碎	瓜子仁
鸡肉屑	火腿屑	浓鸡汤	炒均匀	熟起锅	豆腐脑
亦可行	吃此菜	要使匙	勿用箸	王孟亭	太守云
此豆腐	乃御方	昔圣祖	赐大臣	徐健庵	老尚书
徐阁老	取方时	御膳房	敲竹扛	一千两	雪花银
王太守	之祖父	乃门生	故得之	爷传父	父传子
此豆腐	传至今				

[原文]

用嫩片切粉碎，加香蕈屑、蘑菇屑、松子仁屑、瓜子仁屑、鸡屑、火腿屑，同入浓鸡汁中烧滚起锅。用腐脑亦可。用瓢不用箸。孟亭太守云："此圣祖赐徐健庵尚书方也。尚书取方时，御膳房费一千两。"太守之祖楼村先生，为尚书门生，故得之。

[释文]

把嫩豆腐片切粉碎，和香菇屑、蘑菇屑、松子仁屑、瓜子仁屑、鸡肉屑、火腿屑，一同放入浓鸡汁中烧滚即可起锅。用豆腐脑也可以。吃时用勺子不用筷子。孟亭太守说："这是圣祖皇帝赐给徐健庵尚书的菜谱。尚书取这个菜谱时，还给了御膳房一千两银子。"太守的祖先楼村先生，是尚书的学生，因而得到这个菜谱。

♨ 程立万豆腐

◎ 三字经

乾隆年	在扬州	枚受请	吃豆腐	程立万	有秘方
极精美	绝无双	煎豆腐	两面黄	无卤汁	仔细尝
微微有	车螯味	车螯者	蛤蛎王	可盘中	无车螯
查宣门	次日言	此豆腐	我亦能	备好了	请君尝
不几日	杭董莆	查府内	共品尝	菜上桌	不相让
细一品	大笑狂	此豆腐	实不强	鸡雀脑	伪略仿
并非是	豆腐样	油肥腻	难言讲	味不对	费银两
于是乎	求程方	只可惜	程已亡	枚唏嘘	悔断肠
存其名	以再访				

[原文]

乾隆廿三年，同金寿门在扬州程立万家食煎豆腐，精绝无双。其豆腐两面黄干，无丝毫卤汁，微有车螯鲜味。然盘中并无车螯及他杂物也。次日告查宣门。查曰："我能之！我当特请。"已而，同杭董莆同食于查家，则上箸大笑；乃纯是鸡、雀脑为之，并非真豆腐，肥腻难耐矣。其费十倍于程，而味远不及也。惜其时，余以妹丧急归，不及向程求方。程逾年亡。至今悔之。仍存其名，以俟再访。

[释文]

乾隆廿三年，我和金寿门在扬州程立万家吃的煎豆腐，精美绝伦，举世无双。那个豆腐两面黄干，没有丝毫的卤汁，稍微有一点车螯的鲜味；但盘中并无车螯及其他东西。次日我告诉查宣门。查说："我也会，我要用这道菜请你们。"后来，我同杭董浦一起去查家吃饭。拿起筷子我们就大笑不已。原来他纯粹用鸡、雀的脑子做了一道菜，并不是真正的豆腐，肥腻得让人难以忍受。这道菜的花费十倍于程立万家所制的豆腐，味道却远远不如。可惜在程家时，我因为妹妹的丧事着急回家，来不及向程立万求取方法。过年他就亡故了。至今还感到很后悔。因此仍保存下这个菜名，等有机会再求取做法。

♨ 冻豆腐

◎ 三字经

将豆腐	冻一夜	切方块	用水煮	去豆腥	捞出来
加鸡汤	火腿汁	和肉汤	慢煨炖	上桌时	撤去鸡
火腿类	单留下	蕈和笋	及豆腐	时间久	质则松
起蜂窝	如冻腐	炒豆腐	宜用嫩	而煨者	宜用老
家致华	分司府	用蘑菇	煮豆腐	虽夏月	如冻腐
品甚佳	制此菜	切不可	加荤汤	以致于	失清味

【原文】

将豆腐冻一夜，切方块，滚去豆味，加鸡汤汁、火腿汁、肉汁煨之。上桌时，撤去鸡、火腿之类，单留香蕈、冬笋。豆腐煨久则松，而起蜂窝，如冻腐矣。故炒腐宜嫩，煨者宜老。家致华分司，用蘑菇煮豆腐，虽夏月亦照冻腐之法，甚佳。切不可加荤汤，致失清味。

【释文】

将豆腐冻一夜，切成方块，放进水里烧滚，去掉豆腥味，然后加鸡汤汁、火腿汁、肉汁一起煨煮。上桌时，撤去鸡、火腿之类，只留下香菇、冬笋。鲜豆腐煨的时间一长，就会变得疏松而呈现蜂窝状，如同冻豆腐。因此炒豆腐应该用嫩的，煨豆腐应该用老的。家致华分司用蘑菇煮豆腐，即使夏天也按照冻豆腐的方法，很好。千万不要加荤汤，以免失掉豆腐的清香味。

♨ 虾油豆腐

◎ 三字经

陈虾油　代清酱　炒豆腐　须煎黄　　锅要热　放葱椒
用猪油　不能忘

【原文】

取陈虾油，代清酱炒豆腐。须两面煎黄。油锅要热，用猪油、葱、
椒。

【释文】

用陈虾油代替清酱炒豆腐，豆腐两面都要煎黄。油锅要热，还要加猪油、
葱、椒。

♨ 蓬蒿菜

◎ 三字经

取蒿尖　油炸瘪　放鸡汤　滚沸之　　加松菌　百十枚
一起滚　使制成

【原文】

取蒿尖，用油灼瘪，放鸡汤中滚之。起时加松菌百枚。

【释文】

把茼蒿的嫩尖用油炸蔫，然后放进鸡汤中烧滚，起锅时再加入一百个松菌。

♨ 蕨菜

◎ 三字经

用蕨菜　不可惜　须尽去　枝和叶　取嫩根　洗净后
先煨烂　再用鸡　肉汤煮　取蕨菜　矮弱者　质才肥

【原文】

用蕨菜，不可爱惜，须尽去其枝叶，单取直根。洗净煨烂，再用鸡肉汤煨。必买矮弱者才肥。

【释文】

烹饪蕨菜时不可太爱惜材料，必须把它的枝叶完全去掉，只留下直根。先洗净煨烂，再加鸡汤或肉汤煨煮。蕨菜要买那些矮弱的，这些才是真正的好菜。

♨ 葛仙米

◎ 三字经

葛仙米　仔细捡　水淘净　煮半烂　再用鸡　火腿汤
一起煨　上菜时　只见米　不见鸡　火腿隐　味才佳
制此物　陶方伯　有秘法　制最精

【原文】

将米细检淘净，煮半烂，用鸡汤、火腿汤煨。临上时，要只见米，不见鸡肉、火腿搀和才佳。此物陶方伯家，制之最精。

　　将葛仙米仔细检去杂质， 淘洗干净， 先煮到半烂， 再用鸡汤、 火腿汤煨煮。 临上桌时， 要只看见葛仙米， 而看不到鸡肉、 火腿搀和其中才算好。 这个菜陶方伯家做的最精到。

♨ 羊肚菜

◎ 三字经

　　羊肚菜　出湖北　法如同　葛仙米

【原文】

羊肚菜出湖北。食法与葛仙米同。

【释文】

羊肚菜出产在湖北， 吃法与葛仙米相同。

♨ 石发

◎ 三字经

　　石发菜　其制法　葛米同　夏日里　用麻油　醋秋油
凉拌吃　味亦佳

【原文】

制法与葛仙米同。夏日用麻油、醋、秋油拌之，亦佳。

【释文】

做法与葛仙米相同。 夏天用麻油、 醋、 酱油拌着吃， 也很好。

♨ 珍珠菜

◎ 三字经

珍珠菜　产钱塘　还有那　新安江　其制法　同蕨菜

【原文】

制法与蕨菜同。上江新安所出。

【释文】

珍珠菜的做法与蕨菜相同。 珍珠菜为新安江上游出产。

♨ 素烧鹅

◎ 三字经

麻山药　须蒸烂　切寸段　豆皮包　入油煎　色金黄
加秋油　酒和糖　酱瓜姜　以色红　形神似　为标准

【原文】

煮烂山药，切寸为段，腐皮包，入油煎之，加秋油、酒、糖、瓜、姜，以色红为度。

【释文】

山药煮烂， 切成一寸长的段， 用豆腐皮包起来， 先放入油中煎， 再加酱油、 酒、 糖、 瓜、 姜， 见颜色变红即可。

韭

◎ 三字经

| 韭菜者 | 属荤物 | 取韭白 | 加虾米 | 同翻炒 | 另一法 |
| 仍延用 | 炒制法 | 可鲜虾 | 可蚬肉 |

【原文】

韭，荤物也。专取韭白，加虾米炒之便佳。或用鲜虾亦可，蚬亦可，肉亦可。

【释文】

韭菜，属于荤物。只用韭白，加虾米同炒很好吃。或者用鲜虾炒也可以，用蚬炒，用肉炒也都可以。

芹

◎ 三字经

芹素物	愈肥嫩	品愈妙	取白根	爆炒之	加嫩笋
或百合	熟为度	今有人	用炒肉	浊不伦	不熟者
脆无味	或生拌	野鸡丝	当别论

【原文】

芹，素物也，愈肥愈妙。取白根炒之，加笋，以熟为度。今人有以炒肉者，清浊不伦。不熟者，虽脆无味。或生拌野鸡，又当别论。

【释文】

芹菜，属于素物，越肥壮越好吃。用芹菜白根，加笋同炒，成熟即可。现在有人用肉炒芹菜的，清浊相配，不伦不类。不熟的芹菜，口感虽脆却没有味道。也有人用生芹菜拌野鸡肉，那又当别论。

♨ 豆芽

◎ 三字经

豆芽脆	枚颇爱	炒须熟	作料味	才融洽	配燕窝
柔配柔	白配白	然极贱	陪极贵	人嗤之	岂不知
惟巢父	与许由	却可陪	尧舜耳		

【原文】

豆芽柔脆，余颇爱之。炒须熟烂，作料之味才能融洽。可配燕窝，以柔配柔，以白配白故也。然以极贱而陪极贵，人多嗤之。不知惟巢、由正可陪尧、舜耳。

【释文】

豆芽细柔脆嫩，我很爱吃。炒豆芽必须炒熟炒烂，作料的味道才能融合进去。豆芽可以配着燕窝吃，这是柔细配柔细、白色配白色的缘故。但是因为是用特别低贱的东西来匹配特别珍贵的东西，人们大多嘲笑这种做法。岂不知只有巢父、许由这样的隐士才正可以匹配尧、舜这样的君主哩。

♨ 茭白

◎ 三字经

菰茭白　炒猪肉　炒鸡块　皆可为　切整段　酱醋炙
味尤佳　茭爆肉　须切片　以寸段　初长者　太细嫩
切莫选　无味矣

【原文】

茭白炒肉、炒鸡俱可。切整段，酱、醋炙之，尤佳。煨肉亦佳。须切片，以寸为度。初出瘦细者无味。

【释文】

用茭白炒肉、炒鸡都可以。切成整段，用酱、醋炒一下尤其好吃。煨肉也很好，但必须切成片，以寸长为度。茭白刚长出来又瘦又细的没有味道。

♨ 青菜

◎ 三字经

小青菜　择嫩者　与笋炒　在夏日　芥末拌　稍加醋
可醒胃　加火腿　可作汤　世人知　现拔者　菜才鲜

【原文】

青菜，择嫩者，笋炒之。夏日芥末拌，加微醋，可以醒胃。加火腿片，可以作汤，亦须现拔者才软。

【释文】

选嫩青菜， 和笋一起炒。 夏天用芥末调拌， 加一点醋， 可以醒胃。 加上火腿片， 还可以作汤， 但只有从菜地里现拔现做的青菜才软嫩可口。

♨ 台菜

◎ 三字经

炒台菜　芯最糯　剥外皮　放蘑菇　加新笋　可作汤
如炒食　加虾肉

【原文】

炒台菜心最懦。剥去外皮，入蘑菇、新笋作汤。炒食，加虾肉亦佳。

【释文】

台菜心炒着吃最软糯。 剥去外皮， 加入蘑菇、 新笋可以做汤。 炒着吃时， 加上虾肉炒食也很好。

♨ 白菜

◎ 三字经

大白菜　可炒食　或笋煨　加鸡汤　火腿片　煨俱可

【原文】

白菜炒食，或笋煨亦可。火腿片煨、鸡汤煨俱可。

【释文】

白菜炒着吃， 或用笋煨焖也可以， 用火腿片煨、 鸡汤煨都可以。

♨ 黄芽菜

◎ 三字经

黄芽菜　北方来　其鲜嫩　最为佳　加虾煨　或醋搂
熟即吃　迟味变

【原文】

此菜以北方来者为佳。或用醋搂，或加虾米煨之。一熟便吃，迟则色、味俱变。

【释文】

黄芽菜以从北方来的为好。 或用醋溜， 或加虾米煨焖。 一熟便吃， 迟了则颜色味道都会变糟。

♨ 瓢儿菜

◎ 三字经

炒瓢菜　取嫩芯　以干鲜　无汤好　大雪压　菜更软
王孟亭　太守家　制此菜　法最精　不用加　其他物
而且宜　使荤油

【原文】

炒瓢菜心，以干鲜无汤为贵。雪压后更软。王孟亭太守家，制之最精。不加别物，宜用荤油。

【释文】

炒瓢菜心， 以达到干鲜、 无汤为标准。 经过雪压后的瓢儿菜更软。 王孟亭太守家制作瓢儿菜最精到。 做菜时不要加其他东西， 适宜用荤油。

♨ 菠菜

◎ 三字经

| 菠菜嫩 | 加酱水 | 豆腐煮 | 杭人谓 | 金镶玉 | 白玉板 |
| 此种菜 | 看虽瘦 | 实则肥 | 不必再 | 加笋尖 | 和香蕈 |

【原文】

波菜肥嫩，加酱水、豆腐煮之。杭人名"金镶白玉板"是也。如此种菜，虽瘦而肥，可不必再加笋尖、香蕈。

【释文】

选肥嫩的波菜， 加酱水、 豆腐一起煮。 杭州人说的"金镶白玉板" 就是这个菜。 波菜这种菜， 形虽瘦而质实肥， 烹饪时可不必再加笋尖、 香菇。

♨ 蘑菇

◎ 三字经

鲜蘑菇	能作汤	能炒菜	品俱佳	但口蘑	易藏沙
更易霉	须储存	藏得法	要注意	鸡腿蘑	易收拾
也容易	出好味				

【原文】

蘑菇不止作汤，炒食亦佳。但口蘑最易藏沙，更易受霉，须藏之得法，制之得宜。鸡腿蘑便易收拾，亦复讨好。

【释文】

蘑菇不只是做汤好，炒食也很好。但口蘑最容易藏进沙子，更容易受潮发霉，因而必须收藏得法，烹制得其所宜。鸡腿蘑便容易收拾，也容易做好。

♨ 松菌

◎ 三字经

蘑是蘑	菌是菌	蘑在地	松树林	有松蕈	用松菌
加口蘑	炒最好	或单用	秋油泡	味亦佳	品亦妙
惟不便	久留耳	好松菌	置各菜	俱助鲜	及提味
高可入	燕窝里	作底垫	以其嫩

【原文】

松菌加口蘑炒最佳。或单用酱油泡食，亦妙。惟不便久留耳。置各菜中，俱能助鲜。可入燕窝作底垫，以其嫩也。

【释文】

松菌加上口蘑炒着吃最好，或者单用酱油泡着吃也很妙。松菌唯一的缺点是不能存放太久。松菌加入各种菜中，都能起到提鲜的作用。松菌还可放到燕窝里做下面的垫菜，因为这两种材料都很嫩。

♨ 面筋二法

◎ 三字经

做面筋	有二法	第一法	筋入锅	油炙枯	用鸡汤
加蘑菇	清炖煨	另一法	非油炙	以水泡	切成条
鸡汁炒	加冬笋	天花蕈	章淮树	观察家	制最精
上盘时	宜手撕	不宜切	加虾米	和泡汁	用甜酱
来炒之	味甚佳				

【原文】

一法，面筋入油锅炙枯，再用鸡汤、蘑菇清煨；一法，不炙，用水泡，切条入浓鸡汁炒之，加冬笋、天花。章淮树观察家，制之最精。上盘时，宜毛撕，不宜光切。加虾米泡汁，甜酱炒之，甚佳。

【释文】

一种方法，面筋在油锅中炸干，再加鸡汤、蘑菇清煨。一种方法，不用油炸，用水泡软，切成条，加入浓鸡汁炒，再加冬笋、天花。章淮树观察家所制面筋最为精到。上盘时，宜用手撕，不宜用刀切。或者加泡虾米的水，用甜酱炒食也非常好。

♨ 茄二法

◎ 三字经

吴小谷	广文家	将整茄	削去皮	开水泡	去苦汁
猪油炙	油炙时	须待水	沥干后	用甜酱	干煨之
味甚佳	卢八爷	茄小块	不去皮	入油锅	灼微黄

加秋油　再爆炒　味亦佳　此二法　俱学之　而未尽
其妙矣　惟蒸烂　刀划开　用麻油　米醋拌　则夏日
颇可食　或煨干　作成脯　置盘中　随时用　别样味

【原文】

　　吴小谷广文家，将整茄子削皮，滚水泡去苦汁，猪油炙之。炙时须待泡水干后，用甜酱水干煨，甚佳。卢八太爷家，切茄作小块，不去皮，入油灼微黄，加秋油炮炒，亦佳。是二法者，俱学之而未尽其妙。惟蒸烂划开，用麻油、米醋拌，则夏间亦颇可食。或煨干作脯，置盘中。

【释文】

　　吴小谷广文家，把整个茄子削皮，放进滚水中泡去掉苦汁，用猪油煎。煎的时候要等到泡茄子的水干后，再用甜酱水干煨，很好吃。卢八太爷家，把茄子切成小块，不去皮，放入油中炸到微微发黄，再加酱油爆炒，也好。这两种方法，我都学过，但都没有完全学到其中的窍门。我会做的，就是把茄子蒸烂划开，拌上麻油、米醋，还是很适合夏天食用的。还有把茄子煨干做成茄脯放在盘中的。

♨ 苋羹

◎ 三字经

苋选细　摘嫩尖　干炒之　甚清爽　加虾米　或虾仁
同炒制　味更佳　可做羹　亦可汤

【原文】

苋须细摘嫩尖，干炒，加虾米或虾仁，更佳。不可见汤。

【释文】

做苋羹必须仔细选摘苋菜的嫩尖，干炒，加虾米或虾仁更好吃。不要见汤。

♨ 芋羹

◎ 三字经

小芋芳	性柔腻	入荤素	俱可以	或切碎	作鸭羹
或煨肉	同豆腐	加酱水	一起煨	徐兆璜	明府家
选小芋	与嫩鸡	置一处	来煨汤		

【原文】

芋性柔腻，入荤入素俱可。或切碎作鸭羹，或煨肉，或同豆腐加酱水煨。徐兆璜明府家，选小芋子，入嫩鸡煨汤，妙极！惜其制法未传。大抵只用作料，不用水。

【释文】

芋头本就柔软细腻，加入荤菜或者素菜都可以；或者切碎作鸭羹；或者煨肉；或者和豆腐一起加酱水煨。徐兆璜明府家，选用小芋头加入嫩鸡煨汤，妙极了。可惜他家的做法没有留传下来。大概是只用作料，不用水。

♨ 豆腐皮

◎ 三字经

豆腐皮	先泡软	加秋油	醋虾米	拌匀均	可装盘
宜夏日	为凉拌	蒋侍郎	官宦家	入海参	也颇佳
加紫菜	大虾肉	来作汤	亦相适	蘑菇笋	清汤煨
烂为度	品亦佳	在芜湖	敬修僧	有妙法	将腐皮
卷成筒	切寸段	油中炙	入蘑菇	煨极烂	味道佳
万不可	加鸡汤				

【原文】

将腐皮泡软，加秋油、醋、虾米拌之，宜于夏日。蒋侍郎家入海参用，颇妙；加紫菜、虾肉作汤，亦相宜；或用蘑菇、笋煨清汤，亦佳，以烂为度。芜湖敬修和尚，将腐皮卷筒切段，油中微炙，入蘑菇煨烂，极佳。不可加鸡汤。

【释文】

将豆腐皮泡软，加酱油、醋、虾米调拌，很适合夏天吃。蒋侍郎家的制作，加入海参一起拌，也很好；加入紫菜、虾肉做成汤也很合适；或加蘑菇、笋煨清汤也好，豆腐皮软烂即好。芜湖敬修和尚，把豆腐皮卷成筒切段，在油中微微煎一下，加入蘑菇煨烂特别好吃。但不可加鸡汤。

♨ 扁豆

◎ 三字经

取现采　嫩扁豆　用肉汤　煨熟后　去其肉　存其豆
单炒者　油要重　以肥烂　软为贵　豆毛糙　瘦薄者
瘠土生　不可食

【原文】

取现采扁豆，用肉、汤炒之，去肉存豆。单炒者，油重为佳。以肥软为贵，毛糙而瘦薄者，瘠土所生，不可食。

【释文】

取现摘的扁豆，用肉与汤炒，上桌时去掉肉留下扁豆。单炒扁豆，以多放油为好。扁豆以肥嫩的为质量好，外形毛糙又瘦又薄的，是贫瘠的土地里长出来的，不可食用。

♨ 瓠子、王瓜

◎ 三字经

将鲜鱼　切薄片　先略炒　加瓠子　同酱汁　一起煨

用王瓜　亦可以　王瓜者　黄瓜也

【原文】

将鲟鱼切片先炒，加瓠子，同酱汁煨。王瓜亦然。

【释文】

将鲟鱼切成片先炒，　再加瓠子用酱汁煨熟。　王瓜也可以这样做。

♨ 煨木耳、香蕈

◎ 三字经

古扬州　定慧庵　巧尼僧　有绝活　煨木耳　厚二分

煨香蕈　三分厚　取蘑菇　熬成汁　做成卤　再去煨

【原文】

扬州定慧庵僧，能将木耳煨二分厚，香蕈煨到三分厚。先取蘑菇熬汁为卤。

【释文】

扬州定慧庵的僧人，　能将木耳煨到二分厚，　香菇煨三分厚。　煨前先用蘑菇熬汁做成卤，　再下原料煨。

♨ 冬瓜

◎ 三字经

大冬瓜	用处多	炒鱼肉	拌燕窝	火腿汤	煨鳝鳗
虾仁配	均皆可	在扬州	定慧庵	煨冬瓜	色泽红
如血珀	制尤佳	切忌用	肉荤汤		

【原文】

冬瓜之用最多。拌燕窝、鱼、肉、鳗、鳝、火腿皆可。扬州定慧庵所制尤佳。红如血珀，不用荤汤。

【释文】

冬瓜的用途最多。用来拌燕窝、 鱼、 肉、 鳗、 鳝、 火腿都可以。 扬州定慧庵做的冬瓜尤其出色。 鲜红如同血色的琥珀， 做时不要用荤汤。

♨ 煨鲜菱

◎ 三字经

煨鲜菱	用鸡汤	上桌时	且将汤	撤一半	从水塘
现摘者	味才鲜	浮水面	质才嫩	加新栗	白果煨
或用糖	煨亦可	作点心	更相得		

【原文】

煨鲜菱，以鸡汤滚之；上时，将汤撤去一半。池中现起者才鲜，浮水面者才嫩。加新栗、白果煨烂，尤佳，或用糖亦可，作点心亦可。

【释文】

煨鲜菱，要把鲜菱放在鸡汤中烧滚；上桌时，将汤去掉一半。刚从池塘中捞起来的菱角才新鲜，浮在水面上的菱角才脆嫩。加新栗、白果和菱角一同煨烂，特别好吃。或者加糖也可以，当点心吃也可以。

♨ 豇豆

◎ 三字经

嫩豇豆　加肉炒　临上时　除去肉　仅存豆　极嫩者
抽其筋　方好吃

【原文】

豇豆炒肉，临上时，去肉存豆。以极嫩者，抽去其筋。

【释文】

豇豆炒肉，临上桌时，去掉肉只留下豆。要用特别嫩的豇豆，抽去筋丝。

♨ 煨三笋

◎ 三字经

天目笋　鲜冬笋　问政笋　鸡汤煨　三种笋　三个味
汇一碗　三笋羹

【原文】

将天目笋、冬笋、问政笋，煨入鸡汤，号"三笋羹"。

【释文】

把天目笋、 冬笋、 问政笋一起加入鸡汤同煨煮， 号称"三笋羹"。

♨ 芋煨白菜

◎ 三字经

先将芋　煨极烂　入白菜　一同煮　加酱油　调和味
为家常　是极好　惟白菜　要新鲜　须新摘　才肥嫩
色青老　久则干

【原文】

芋煨极烂，入白菜心烹之，加酱水调和，家常菜之最佳者。惟白菜须
新摘肥嫩者，色青则老，摘久则枯。

【释文】

先把芋头煨到特别烂， 再加入白菜心煮一会儿， 最后加酱水调和。 这是家常菜
中最好吃的一种。 只是必须用新摘的肥嫩白菜， 颜色发青的是老白菜， 摘下来放得
太久则变干枯。

♨ 香珠豆

◎ 三字经

毛豆至　九月间　晚收者　大而嫩　人称之　香珠豆
以秋油　锅煮熟　酒泡之　可出壳　可带壳　香软嫩
寻常豆　不可食

【原文】

毛豆至八九月间，晚收者最阔大而嫩，号"香珠豆"。煮熟，以酱油、酒泡之。出壳亦可，带壳亦可，香软可爱，寻常之豆不可食也。

【释文】

毛豆要到八九月间才收获，晚收的毛豆最是阔大肥嫩，称为"香珠豆"。带壳煮熟，用酱油、酒泡一下，或者把豆子从壳里剥出来做也可以，带壳做也可以，都香软可爱。一般的豆子，相比之下，不可食用。

♨ 马兰

◎ 三字经

马兰头　摘嫩者　加入笋　醋拌食　油腻后　佐食之
可醒脾　助消化

【原文】

马兰头菜，摘取嫩者，醋合笋拌食。油腻后食之，可以醒脾。

【释文】

摘取鲜嫩的马兰头，加醋和笋一块拌着吃。吃了油腻的东西后，可用这个菜醒脾。

♨ 杨花菜

◎ 三字经

在南京　三月有　杨花菜　柔脆嫩　似菠菜　春三月
树杨花　名甚雅

【原文】

南京三月有杨花菜，柔脆与菠菜相似，名甚雅。

【释文】

南京三月出产杨花菜，柔脆与菠菜相似，名字很雅致。

♨ 问政笋丝

◎ 三字经

问政笋	有人称	杭州笋	在徽州	多送人	大多是
淡笋干	食用时	泡软烂	切成丝	用鸡肉	汤煨用
龚司马	取秋油	来煮笋	烘干后	端上桌	徽人食
惊为异	不知是	何物也	子才笑	告其实	如梦醒

【原文】

问政笋，即杭州笋也。徽州人送者，多是淡笋干，只好泡烂切丝，用鸡肉汤煨用。龚司马取秋油煮笋，烘干上桌。徽人食之，惊为异味。余笑，其如梦方醒也。

【释文】

问政笋，就是杭州笋。徽州人送来的，大多是淡笋干，只好泡烂切成丝，用鸡肉汤煨好食用。龚司马用酱油煮笋，烘干后上桌。徽州人吃了很惊讶，以为是什么特别的美味。我一笑，他们才如梦方醒。

♨ 炒鸡腿蘑菇

◎ 三字经

在芜湖　大庵僧　净鸡腿　加蘑菇　菇去沙　加秋油
酒炒熟　盛盘里　宴宾客　味甚佳

【原文】

芜湖大庵和尚，洗净鸡腿，蘑菇去沙，加秋油、酒炒熟，盛盘宴客，甚佳。

【释文】

这是芜湖大庵和尚的做法。把鸡腿洗净，蘑菇洗去沙子，加酱油、酒炒熟盛盘。这道菜用来宴请客人很好。

♨ 猪油煮萝卜

◎ 三字经

熟猪油　炒萝卜　加虾米　小火煨　熟为度　临起锅
加葱花　色如玉

【原文】

用熟猪油炒萝卜，加虾米煨之，以极熟为度，临起加葱花，色如琥珀。

【释文】

用熟猪油炒萝卜，加虾米煨煮，以煨到特别熟烂为度。临起锅时加葱花，颜色如同琥珀。

小菜单

小菜佐食，如府史胥徒佐六官也，醒脾、鲜浊全在于斯，作『小菜单』。

啜小菜　来佐食

如府史　佐六官

醒脾胃　解浊腻

全在斯　小菜单

♨ 笋脯

◎ 三字经

说笋脯	出处多	家园烘	为第一	取鲜笋	加盐煮
成熟后	上篮烘	须昼夜	勤照看	火不旺	会软酸
加清酱	色微黑	用春笋	或冬笋	此二者	皆可为

【原文】

笋脯出处最多，以家园所烘为第一。取鲜笋加盐煮熟，上篮烘之。须昼夜环看，稍火不旺则溲矣。用清酱者，色微黑。春笋、冬笋皆可为之。

【释文】

出产笋脯的地方最多，但却以自家菜园里烘制的为最好。用鲜笋加盐煮熟，放进篮子里烘干。必须昼夜小心看护，火稍微不旺就烘烤不好。加入清酱的笋脯，颜色微黑。春笋、冬笋都可做成笋脯。

♨ 天目笋

◎ 三字经

天目笋	在苏州	发卖者	其篓中	盖面者	质最佳
下二寸	便挽入	老硬根	如欲好	须重价	专买其
盖面者	数十条	如集腋	成狐裘		

【原文】

天目笋多在苏州发卖。其篓中盖面者最佳，下二寸便挽老根硬节矣。

须出重价，专买其盖面者数十条，如集狐成腋之义。

【释文】

天目笋大多在苏州发卖， 篓中表面上的笋往往是最好的， 表面往下二寸便搀入了老根硬节。 必须出大价钱专门买表面上的那几十条， 如同集腋成裘一样。

♨ 玉兰片

◎ 三字经

冬笋烘　微加蜜　苏州府　孙春杨　盐与甜　笋二种
论味道　咸者好

【原文】

以冬笋烘片，微加蜜焉。苏州孙春杨家有盐、甜二种，以盐者为佳。

【释文】

把冬笋切片烘干， 微微加一点蜜就成了玉兰片。 苏州孙春杨家制作的有咸、 甜两种， 以咸的为佳。

♨ 素火腿

◎ 三字经

处州笋　素火腿　即处片　久太硬　实不如　生毛笋
自烘之　更为妙

【原文】

处州笋脯，号"素火腿"，即处片也。久之太硬，不如买毛笋自烘之为妙。

【释文】

处州所产之笋脯号称"素火腿"， 也就是处片。 放久则干， 还不如买来毛笋自己烘制为妙。

♨ 宣城笋脯

◎ 三字经

宣城笋　选笋尖　色泽黑　嫩而肥　与天目　笋大同
味极佳

【原文】

宣城笋尖，色黑而肥，与天目笋大同小异，极佳。

【释文】

宣城所产笋尖， 颜色发黑而肥厚， 与天目笋大同小异， 特别好。

♨ 人参笋

◎ 三字经

制细笋　人参形　加蜜水　制作成　扬州人　看重之
故价腾

【原文】

制细笋如人参形，微加蜜水。扬州人重之，故价颇贵。

【释文】

把细笋做成人参的形状，稍微加点蜜水。扬州人很喜欢这种笋，所以价钱比较贵。

♨ 笋油

◎ 三字经

笋十斤	蒸一日	又一夜	穿通节	铺板上	恰好似
作豆腐	表面上	加一板	压榨之	汁流出	加炒盐
有一两	是笋油	笋晒干	仍作脯	天台僧	制最精

【原文】

笋十斤，蒸一日一夜，穿通其节。铺板上，如作豆腐法，上加一板压而榨之，使汁水流出。加炒盐一两，便是笋油。其笋晒干，仍可作脯。天台僧制以送人。

【释文】

用笋十斤，蒸一天一夜，直到笋节也蒸透。把蒸好的笋铺在木板上，就像做豆腐一样，上面加一块板压榨，使笋中的汁水流出。在这些汁水中加炒盐一两，便成为笋油。把剩下的笋晒干，还可以做成笋脯。天台僧人经常制作笋油送人。

♨ 糟油

◎ 三字经

糟油出　太仓州　时愈陈　质愈佳

【原文】

糟油出太仓州，愈陈愈佳。

【释文】

糟油出产自江苏太仓州，越陈越好。

♨ 虾油

◎ 三字经

买虾子　用数斤　同秋油　上锅熬　熟起锅　用布沥
出虾油　乃将布　包虾子　放罐中

【原文】

买虾子数斤，同秋油入锅熬之；起锅，用布沥出秋油，乃将布包虾子，同放罐中盛油。

【释文】

买来虾子数斤，同酱油一起入锅熬制。起锅后，用布沥出酱油，仍用布包好虾子，和沥出的酱油一同放在罐中，就做成了虾油。

♨ 喇虎酱

◎ 三字经

好秦椒　白捣烂　和甜酱　一起蒸　大海米　搀其中

【原文】

秦椒捣烂，和甜酱蒸之，可用虾米搀入。

【释文】

把花椒捣烂和甜酱一起蒸，可以把虾米搀进去。

♨ 熏鱼子

◎ 三字经

熏鱼子　如琥珀　以油重　最为贵　孙春杨　家厨手
鱼愈新　品愈妙　如陈味　变油枯

【原文】

熏鱼子色如琥珀，以油重为贵。出苏州孙春杨家，愈新愈妙，陈则味变而油枯。

【释文】

熏鱼子颜色亮如琥珀，做时以多放油为好。这道菜出自苏州孙春杨家，越新越妙，陈的则味道变差油变枯干。

♨ 腌冬菜、黄芽菜

◎ 三字经

腌冬菜	黄芽菜	淡则鲜	咸则恶	然久放	则必盐
枚尝腌	一大坛	三伏天	打开看	上半截	虽臭烂
而下半	美异常	色如玉	真奇异	如相人	不能识
看外表	观皮毛				

【原文】

腌冬菜、黄芽菜，淡则味鲜，咸则味恶。然欲久放，则非盐不可。尝腌一大坛，三伏时开之，上半截虽臭、烂，而下半截香美异常，色白如玉。甚矣。相士之不可但观皮毛也！

【释文】

腌冬菜、黄芽菜，盐放得少味道就鲜，盐放得多味道就差。但是，想放得时间长，却非多放盐不可。我曾经腌过一大坛，三伏天打开，上半坛虽然已经臭烂，下半坛却香美异常，色白如玉。是啊，看人不可只看到表面呀！

♨ 窝苣

◎ 三字经

食窝苣	有二法	新酱者	质松脆	味可爱	或为脯
或切片	食甚鲜	然必以	淡为贵	如果咸	则味恶

【原文】

食莴苣有二法：新酱者，松脆可爱；或腌之为脯，切片食甚鲜。然必以淡为贵，咸则味恶矣。

【释文】

吃莴苣有两种方法：新鲜莴苣拌上酱吃，松脆可爱；或者腌制成脯，切片吃也很鲜。但腌时一定要少放盐，盐多味道就不好了。

♨ 香干菜

◎ 三字经

春芥心　风使干　取梗腌　复晒干　加糖酒　加秋油
拌均后　再蒸之　风干后　入瓶藏

【原文】

春芥心风干，取梗，淡腌，晒干，加酒、加糖、加秋油拌后，再加蒸之，风干入瓶。

【释文】

把春天的芥菜心先风干，去掉菜梗，淡腌，晒干，再加酒、加糖、加酱油调拌，然后再上锅蒸，蒸好后风干，最后入瓶保存。

♨ 冬芥

◎ 三字经

冬芥菜　雪里红　多腌渍　可整腌　淡为佳　或取心
需风干　刀斩碎　入瓶中　腌熟后　入鱼羹　味极鲜
或醋煨　入锅中　作辣菜　煮鳗鲡　煮鲫鱼　品最佳

【原文】

冬芥，名"雪里红"。一法整腌，以淡为佳；一法取心风干，斩碎，腌入瓶中。熟后，杂鱼羹中极鲜；或用醋煨，入锅中作辣菜亦可。煮鳗、煮鲫鱼最佳。

【释文】

冬芥，俗名叫"雪里红"。一个方法是把整个菜腌起来，口味以淡一些为好；一个方法是只取菜心，风干，斩碎，腌到瓶子里。腌熟后，搀在鱼羹中吃特别鲜；或者用醋煨一下，放入锅中，做成辣菜也可以。用冬芥煮鳗鱼、鲫鱼也非常好吃。

♨ 春芥

◎ 三字经

取芥心　晒风干　刀斩碎　腌熟后　入瓶中　号挪菜

【原文】

取芥心风干，斩碎，腌熟入瓶，号称"挪菜"。

【释文】

取春芥心风干，斩碎，腌熟后放进瓶子里，号称"挪菜"。

♨ 芥头

◎ 三字经

芥菜头　切成片　食甚脆　或整腌　晒干脯　食尤妙

【原文】

芥根切片，入菜同腌，食之甚脆。或整腌晒干作脯，食之尤妙。

【释文】

把芥菜根切成片， 和芥菜一起腌， 吃起来很脆。 或者把整个芥菜根腌起来，腌好后再晒成菜脯， 吃起来味道也很好。

♨ 芝麻菜

◎ 三字经

腌芥菜　日晒干　斩极碎　蒸食之　土人号　芝麻菜

【原文】

腌芥晒干，斩之碎极，蒸而食之，号"芝麻菜"。老人所宜。

【释文】

腌芥菜晒干， 斩切到极碎， 蒸着吃， 叫做"芝麻菜"。 适合老年人食用。

♨ 腐干丝

◎ 三字经

好腐干　切成丝　要极细　以虾子　秋油拌

【原文】

将好腐干切丝极细，以虾子、秋油拌之。

【释文】

把好豆腐干切成极细的丝，用虾子、酱油调拌。

〰 风瘪菜

◎ 三字经

将冬菜　取菜心　风干后　用盐腌　榨出卤　小瓶装
封其口　瓶倒放　置灰上　夏食之　其色黄　味清香

【原文】

将冬菜取心风干，腌后榨出卤，小瓶装之，泥封其口，倒放灰上。夏食之，其色黄，其臭香。

【释文】

冬菜取心，风干，腌后挤出卤汁，然后用小瓶装起来，用泥封住瓶口，倒放在灰上。夏天食用，虽然颜色发黄，气味却很香。

〰 糟菜

◎ 三字经

腌渍之　风瘪菜　以菜叶　包裹好　每小包　铺一层
好香糟　重叠放　在坛内　置整齐　取食时　开包用
糟不沾　菜之上　而菜得　糟之香

【原文】

取腌过风瘪菜，以菜叶包之，每一小包铺一面香糟，重叠放坛内。取食时开包食之，糟不沾菜，而菜得糟味。

【释文】

腌过的风瘪菜，用菜叶包起来，每一小包上都盖一层香糟，重叠着放在坛子里。取出来吃时打开小包，糟虽然没有沾到菜上，菜却有了糟味香。

♨ 酸菜

◎ 三字经

冬菜心　先风干　后微腌　加糖醋　和芥末　带卤汁
入罐中　加秋油　少亦可　席间醉　饱之余　食少许
醒脾胃　解酒腻

【原文】

冬菜心风干，微腌，加糖、醋、芥末，带卤入罐中，微加秋油亦可。席间醉饱之余，食之醒脾解酒。

【释文】

冬菜心风干，稍微腌一下，加糖、醋、芥末，带卤放进罐子里，稍稍加点酱油也可以。宴席中间或者酒醉饭饱之余吃点酸菜，可以醒脾解酒。

♨ 台菜心

◎ 三字经

取春日　台菜芯　腌渍后　榨出卤　用小瓶　装其中
夏日食　风干菜　似菜花　故得名　菜花头　可烹肉

【原文】

取春日苔菜心腌之，榨出其卤，装小瓶之中。夏天食之。风干其花，即名"菜花头"，可以烹肉。

【释文】

取春天的苔菜心腌好，挤出腌菜的卤汁，将菜装入小瓶。夏天食用。风干的台菜花就是"菜花头"，可以用来烹肉。

♨ 大头菜

◎ 三字经

大头菜 出南京 承恩寺 颇有名 愈陈者 质愈佳
入荤菜 能提味

【原文】

大头菜出南京承恩寺，愈陈愈佳。入荤菜中，最能发鲜。

【释文】

大头菜出产自南京承恩寺，越陈越好。放入荤菜中，能使菜的鲜味最大限度地发挥出来。

♨ 萝卜

◎ 三字经

萝卜者 取肥大 酱二日 即可食 甜脆美 真可爱
有侯尼 能制鲞 剪萝卜 如蝴蝶 长至丈 片刀连
翩不断 亦一奇 承恩寺 有卖者 用醋腌 陈为妙

【原文】

萝卜取肥大者，酱一二日即吃，甜脆可爱。有侯尼能制为鲞，剪片如蝴蝶，长至丈许，连翩不断，亦一奇也。承恩寺有卖者，用醋为之，以陈为妙。

【释文】

萝卜选又肥又大的酱一两天就可以吃了，甜脆可爱。有个叫侯尼的人能把萝卜制成菜干，剪成像蝴蝶一样的薄片，有一丈多长，但却连翩不断，这也是一件稀奇的事啊。承恩寺有卖萝卜的用醋来腌，腌的时间越长者越好。

♨ 乳腐

◎ 三字经

酱乳腐	出苏州	温庙前	质为佳	有黑者	色味鲜
有干湿	凡二种	有虾子	腐亦鲜	但细品	微嫌腥
广西有	白乳腐	王库官	密制法	品亦妙	称最佳

【原文】

乳腐，以苏州温将军庙前者为佳，黑色而味鲜。有干、湿二种。有虾子腐亦鲜，微嫌腥耳。广西白乳腐最佳。王库官家制亦妙。

【释文】

乳腐以苏州温将军庙前卖的为好，黑色且味道鲜美。有干、湿两种。有一种虾子乳腐也很鲜，只是略微有一点腥味。广西白乳腐最好。王库官家做的也很妙。

♨ 酱炒三果

◎ 三字经

鲜核桃　大杏仁　除去皮　榛子仁　去硬皮　先用油
炮酥脆　再下酱　不可焦　酱多少　须相物　要适宜

【原文】

核桃、杏仁去皮，榛子不必去皮。先用油炮脆，再下酱。不可太焦，酱之多少，亦须相物而行。

【释文】

核桃、杏仁去皮，榛子不必去皮。先用油炸脆，再下酱。注意不要炸得太焦。酱的多少，也要根据原料多少来定。

♨ 酱石花

◎ 三字经

石花菜　洗净了　入酱中　腌透了　临吃时　再洗净
取一名　麒麟菜

【原文】

将石花洗净入酱中，临吃时再洗。一名"麒麟菜"。

【释文】

把石花菜洗干净放入酱中，临吃时再洗去酱汁。石花菜还有一个名字叫"麒麟菜"。

♨ 石花糕

◎ 三字经

海石花　锅熬烂　作成糕　用刀划　成小块　色艳丽
如蜜蜡　随意拌

【原文】

将石花熬烂作膏，仍用刀划开，色如蜜蜡。

【释文】

把石花菜熬烂做成膏，吃时仍用刀划开。石花糕颜色像蜜蜡一样。

♨ 小松菌

◎ 三字经

将清酱　同松菌　入锅中　煮滚熟　后收起　加麻油
入罐中　可佐食　难久藏　只二日　为限度　久味变

【原文】

将清酱同松菌入锅滚熟，收起，加麻油入罐中。可食二日，久则味
变。

【释文】

将清酱同松菌一起入锅，烧滚至熟，收起，加麻油，放入罐中。可以吃两
天，时间长了就会变味。

♨ 吐蚨

海吐蚨　出兴化　长泰兴　有生成　极嫩者　用酒浸
加糖渍　自吐油　名泥螺　虽曰泥　却要以　无泥佳

【原文】

吐蚨出兴化、泰兴。有生成极嫩者，用酒酿浸之，加糖则自吐其油，名为"泥螺"，以无泥为佳。

【释文】

吐蚨出产自兴化、泰兴。有一种吐蚨，天生就很鲜嫩，用酒酿浸泡，加糖，它就会自己吐出泥来，名字叫"泥螺"。但还是以无泥的吐蚨为佳。

♨ 海蜇

嫩海蜇　甜酒浸　有风味　鲜且脆　其光者　名白皮
切作丝　酒醋拌

【原文】

用嫩海蜇，甜酒浸之，颇有风味。其光者名为"白皮"，作丝，酒、醋同拌。

【释文】

选取嫩海蜇，用甜酒浸泡，吃起来颇有风味。海蜇表皮光滑的叫做"白皮"，可切成丝，用酒、醋同拌。

♨ 虾子鱼

◎ 三字经

虾子鱼　出苏州　小鱼生　而有子　烹食之　美于鲞

【原文】

虾子鱼出苏州。小鱼生而有子。生时烹食之，较美于鲞。

【释文】

虾子鱼产自苏州。这种小鱼，天生就带有鱼子。活鱼烹食，比做成鱼鲞要好吃。

♨ 酱姜

◎ 三字经

取嫩姜　微腌之　先粗酱　套腌之　后细酱　再腌之
凡三套　而始成　传古法　用蝉退　来入酱　则姜久
味悠长　且不老

【原文】

生姜取嫩者微腌，先用粗酱套之，再用细酱套之，凡三套而始成。古法，用蝉退一个入酱，则姜久而不老。

【释文】

选取嫩生姜稍微腌一下，先涂上一层粗酱，再涂上一层细酱，总共涂抹三层才算完成。 古法说， 酱里加放一个蝉退， 则生姜即使酱得时间久一些也不会老。

♨ 酱瓜

◎ 三字经

瓜盐腌	后风干	入酱中	如酱姜	腌之法	难其甜
难其脆	在杭州	施鲁箴	制最佳	据人云	酱后晒
干又酱	故外皮	薄而皱	上口脆		

【原文】

酱瓜腌后风干，入酱，如酱姜之法。不难其甜，而难其脆。杭州施鲁箴家，制之最佳。据云：酱后晒干，又酱，故皮薄而皱，上口脆。

【释文】

做酱瓜须先腌再风干， 然后再酱， 如同酱姜的方法一样。 做时使酱瓜吃起来甜不困难， 困难的是使酱瓜上口脆。 杭州施鲁箴家做的酱瓜最好吃。 据说是酱后晒干， 再酱， 因而做成的酱瓜皮薄发皱， 上口甘脆。

♨ 新蚕豆

◎ 三字经

新蚕豆	取嫩者	以腌芥	菜炒之	味甚妙	而且宜
随摘制	食方佳				

【原文】

新蚕豆之嫩者，以腌芥菜炒之，甚妙。随采随食方佳。

【释文】

选取鲜嫩的新蚕豆， 和腌芥菜一起炒， 很好吃。 随采随吃那才是好。

♨ 腌蛋

◎ 三字经

腌鸭蛋	高邮产	蛋黄红	出油多	高文瑞	最喜爱
于席间	先夹取	以敬客	放盘中	蛋带壳	刀破开
黄白兼	味极鲜	切莫可	光食黄	去蛋白	实可惜
味不全	油走散				

【原文】

腌蛋以高邮为佳，颜色红而油多。高文端公最喜食之。席间先夹取以敬客。放盘中，总宜切开带壳，黄、白兼用；不可存黄去白，使味不全，油亦走散。

【释文】

腌蛋以高邮出产的为佳， 颜色发红油也较多。 高文端先生最喜欢吃腌蛋， 宴席间总是先夹一块腌蛋敬客。 腌蛋上席时， 一般都要带壳切开， 蛋黄蛋白都有， 不要只要黄不要白， 这样会使味道不全， 油也容易走散。

♨ 混套

◎ 三字经

取鸡卵	十数枚	于外壳	敲小洞	将清黄	全倒出
去其黄	留蛋清	浓鸡卤	搅拌入	用竹筷	打良久

使融化　入壳中　上用纸　把口封　放米饭　上锅蒸
成熟后　剥外壳　浑然是　一鸡蛋　味道好　妙无穷

【原文】

将鸡蛋外壳微敲一小洞，将清、黄倒出，去黄用清，加浓鸡卤煨就者拌入，用箸打良久，使之融化，仍装入蛋壳中。上用纸封好，饭锅蒸熟，剥去外壳，仍浑然一鸡卵。此味极鲜。

【释文】

把鸡蛋外壳轻轻敲一个小洞，将蛋清和蛋黄倒出来，去掉黄只用清，加入已经煨好的浓鸡汤，用筷子多搅打一会儿，使蛋清融化在鸡汤里，再装回蛋壳。上面用纸封好，在饭锅里蒸熟。吃时剥去外壳，仍然像一个完整的鸡蛋。这道菜味道极其鲜美。

♨ 茭瓜脯

◎ 三字经

瓜入酱　腌透后　取风干　切成片　切成脯　始完成
与笋脯　法相似

【原文】

茭瓜入酱，取起风干，切片成脯，与笋脯相似。

【释文】

把茭瓜放进酱里腌制好，取出来，风干，切片，做成脯，味道与笋脯相似。

♨ 牛首腐干

◎ 三字经

豆腐干　以牛首　僧家制　最为佳　在山下　卖此物
有七家　惟晓堂　和尚家　所制者　方最妙　不虚夸

【原文】

豆腐干以牛首僧制者为佳。但山下卖此物者有七家，惟晓堂和尚家所制方妙。

【释文】

豆腐干以牛首僧做的为最好。 但山下卖这个东西的有七家， 只有晓堂和尚家做的才好吃。

♨ 酱王瓜

◎ 三字经

小王瓜　初生时　择细者　腌入酱　脆而鲜

【原文】

王瓜初生时，择细者腌之入酱，脆而鲜。

【释文】

王瓜刚长出来时， 挑长得比较细的入酱腌制， 吃起来脆而鲜。

点心单

梁昭明以点心为小食，郑傪嫂劝叔「且点心」，由来旧矣。作「点心单」。

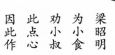

梁昭明　以点心

为小食　郑傪嫂

劝小叔　且点心

此点心　由来久

因此作　点心单

♨ 鳗面

◎ 三字经

大鳗鱼　取一条　笼蒸烂　拆其肉　去其骨　和入面
加鸡汤　揉均匀　擀面皮　小刀切　成细条　入鸡汁
火腿汁　蘑菇汁　三汁滚　方始成

【原文】

大鳗一条蒸烂，拆肉去骨，和入面中，入鸡汤清揉之，擀成面皮，小刀划成细条，入鸡汁、火腿汁、蘑菇汁滚。

【释文】

大鳗鱼一条蒸烂，去掉骨头，把拆下来的肉和入面中，用清一点的鸡汤和好面，擀成面皮，用小刀划成细面条，加入鸡汁、火腿汁、蘑菇汁里烧滚。

♨ 温面

◎ 三字经

将细面　锅煮熟　汤沥干　放碗中　用鸡肉　加香蕈
打浓卤　临食时　瓢盛卤　各自取

【原文】

将细面下汤，沥干，放碗中。用鸡肉、香蕈浓卤，临吃，各自取瓢加上。

【释文】

　　细面下汤锅， 熟后捞出沥干， 放碗中。 用鸡肉、 香菇做成浓卤。 临吃时， 各自用瓢加在面上。

♨ 鳝面

◎ 三字经

　　熬鳝鱼　　成卤汁　　加面结　　再滚熟　　此杭州　　制面法

【原文】

熬鳝成卤，加面再滚。此杭州法。

【释文】

把鳝鱼熬成卤汁， 加入面条后再烧一滚。 这是杭州的做法。

♨ 裙带面

◎ 三字经

　　以小刀　　截面条　　面微宽　　而且长　　有别号　　名裙带
　　制此面　　汤多佳　　在碗中　　不见面　　此食法　　扬州盛

【原文】

　　以小刀截面成条，微宽，则号"裙带面"。大概作面，总以汤多为佳，在碗中望不见面为妙。宁使食毕再加，以便引人入胜。此法扬州盛行，恰甚有道理。

【释文】

用小刀把擀好的面切成面条，稍微宽一点，就是"裙带面"。大概做面条时总是以汤多为佳，在碗中看不见面为妙。宁可使人吃完再加，以便引人食欲（不要因为一次吃得太多而使人生厌）。这种吃法在扬州很盛行，恰恰是因为其中很有道理。

♨ 素面

◎ 三字经

先一日	将蘑菇	蓬头熬	汁澄清	次日里	加入笋
做卤汁	入面滚	此吃法	定慧庵	扬州僧	制极精
不传人	亦可仿	特别忌	加虾汁	蘑菇汁	只宜澄
用原汤	不换水	是为法			

【原文】

先一日将蘑菇蓬熬汁，定清，次日将笋熬汁，加面滚上。此法扬州定慧庵僧人制之极精，不肯传人。然其大概亦可仿求。其纯黑色的，或云暗用虾汁、蘑菇原汁，只宜澄去泥沙，不重换水；一换水，则原味薄矣。

【释文】

头一天先用蘑菇伞盖熬汁，澄清，第二天日再用笋熬汁，把两种汁加在面上烧滚到熟。扬州定慧庵的僧人用这种方法做出的面条极为精到，方法却不肯传给别人。但其做法大致上可以模仿出来，其纯黑色的汤汁，有人说可能用的是虾汁和蘑菇原汁。用这两种汁时只可以澄去泥沙，不需要重复换水，一换水则原味就淡薄了。

♨ 蓑衣饼

◎ 三字经

干面粉　冷水调　不可多　揉擀薄　卷拢卷　再擀薄
以猪油　绵白糖　铺均匀　再卷拢　擀薄饼　用猪油
煎至黄　如要咸　用葱椒　盐亦可

【原文】

干面用冷水调，不可多，揉擀薄后，卷拢再擀薄了，用猪油、白糖铺匀，再卷拢，擀成薄饼，用猪油煎黄。如要盐的，用葱、椒、盐亦可。

【释文】

用冷水干面和，不要太多水。揉好擀薄后卷拢起来，再擀薄，然后用猪油、白糖铺匀，再卷拢，擀成薄饼，用猪油煎黄。如果要咸味的，则加上葱、椒、盐也可以。

♨ 虾饼

◎ 三字经

生虾肉　加葱盐　花椒水　甜酒酿　各少许　再加水
和成团　锅温热　以香油　炸灼透

【原文】

生虾肉，葱、盐、花椒，甜酒脚少许，加水和面，香油灼透。

〔释文〕

把生虾肉加上葱、 盐、 花椒， 甜酒脚少许。 加水和面， 用香油烙透。

♨ 薄饼

◎ 三字经

山东省	孔藩台	制薄饼	如蝉翼	大如盘	软柔腻
美绝伦	袁枚家	如其法	学不及	疑何故	陕甘人
用锡罐	装入饼	三十张	每位客	上一罐	饼小巧
如柑桔	罐有盖	可贮馅	炒肉丝	细如发	带葱丝
猪羊肉	皆可用	号西饼	人称颂		

〔原文〕

山东孔藩台家制薄饼，薄若蝉翼，大若茶盘，柔腻绝伦。家人如其法为之，卒不能及，不知何故。秦人制小锡罐装饼三十张，每客一罐，饼小如柑，罐有盖，可以贮。馅用炒肉丝，其细如发。葱亦如之。猪、羊并用，号曰"西饼"。

〔释文〕

山东孔藩台家做的薄饼， 薄如蝉翼， 大若茶盘， 柔软细腻无与伦比。 我的家人按照他的方法来做， 却怎么也赶不上人家的水平， 不知是什么原因。 秦人制作了一种小锡罐装饼， 每罐装三十张， 每位客人送一罐。 饼跟柑子一般大小。 罐上带有盖子， 可以把饼贮藏起来。 馅用炒肉丝， 肉丝切得跟头发一样细。 葱也一样。并且是猪肉和羊肉一起用。 他们把这种饼叫做"西饼"。

♨ 松饼

◎ 三字经

南京城　莲花桥　清真寺　方家店　制最精

【原文】

南京莲花桥，教门方店最精。

【释文】

以南京莲花桥教门方店卖的松饼最为精美。

♨ 面老鼠

◎ 三字经

以热水　来和面　俟鸡汁　滚开时　以箸夹　入锅里
面疙瘩　随心意　样不分　大与小　再加入　活菜芯
很别致　有风味

【原文】

以热水和面，俟鸡汁滚时，以箸夹入，不分大小，加活菜心，别有风味。

【释文】

用热水和好面，等鸡汤滚开时，以筷子夹成块放进去，不在乎大小，再加上鲜菜心，吃起来别有风味。

♨ 颠不棱即肉饺也

◎ 三字经

以开水	来烫面	揉成团	面摊开	裹肉馅	笼蒸之
讨好处	馅得法	要肉嫩	去老筋	择鲜处	作料精
袁子才	到广东	官镇台	设宴请	颠不棱	质甚精
馅中用	肉皮膏	调入馅	咬一口	直流汁	故软美
此即是	颠不棱				

【原文】

糊面摊开，裹肉为馅，蒸之。其讨好处，全在作馅得法，不过肉嫩、去筋、作料而已。余到广东，吃官镇台颠不棱，甚佳。中用肉皮煨膏为馅，故觉软美。

【释文】

面糊摊开，裹上肉馅，蒸熟。这种做法讨巧的地方，全在馅做得很得法，但也不过是肉嫩去筋、作料合适而已。我到广东吃过官镇台的颠不棱，很好，中间用肉皮煨成的膏作馅，所以觉得又软又美。

♨ 肉馄饨

◎ 三字经

作馄饨　与饺同

【原文】

作馄饨与饺同。

【释文】

做馄饨与做饺子的方法一样。

♨ 韭合

◎ 三字经

鲜韭菜　切成末　拌肉馅　加作料　面皮包　揑花边
入油灼　且面内　加入酥　则更妙

【原文】

韭菜切末加作料，面皮包之，入油灼之。面内加酥更妙。

【释文】

把韭菜切成末加上作料，用面皮包起来，放入油里炸一下。面里加点酥油更加好吃。

♨ 糖饼

◎ 三字经

以糖水　来和面　起油锅　六成热　用箸夹　成饼形
杭城号　软锅饼

【原文】

糖水溲面，起油锅令热，用箸夹入；其作成饼形者，号"软锅饼"。杭州法也。

【释文】

用糖水和面，起锅把油烧热，用筷子把面一块一块地夹进去，其中做成饼形的，叫做"软锅饼"。这是杭州的做法。

♨ 烧饼

◎ 三字经

以松子	胡桃仁	尽敲碎	加糖屑	加脂油	和成面
两面黄	加芝麻	袁家厨	扣儿会	面罗至	四五次
白如雪	两面锅	上下火	烙成熟	得奶酥	则更佳

【原文】

用松子、胡桃仁敲碎，加糖屑、脂油和面，炙之，以两面煤黄为度，面加芝麻。扣儿会做。面罗至四五次，则白如雪矣。须用两面锅，上下放火。做奶酥更佳。

【释文】

把松子、胡桃仁敲碎，加上糖屑、脂油一起和到面里，用锅烤，以烤到两面黄为止，烧饼面上沾上芝麻。扣儿会做。面在箩里罗到四五次，就会跟雪一样洁白。必须用两面锅，上下都放上火。用这种方法做奶酥更好吃。

♨ 千层馒头

◎ 三字经

| 杨参戎 | 蒸馒头 | 白如雪 | 有千层 | 金陵人 | 不能为 |
| 其制法 | 有高明 | 扬州人 | 得一半 | 常与惠 | 得其半 |

【原文】

杨参戎家制馒头，其白如雪，揭之如有千层。金陵人不能也。其法扬州得半，常州、无锡亦得其半。

【释文】

杨参戎家做的馒头， 跟雪一样白， 揭起来好像有千层。 南京人做不出来。 他的制作方法扬州人学到了一半， 常州、 无锡人也学到了一半。

♨ 面茶

◎ 三字经

熬粗茶　留其汁　加炒面　兑其中　外加入　芝麻酱
加牛乳　微放盐　无牛乳　加奶酥　放奶皮　味更精

【原文】

熬粗茶汁，炒面兑入，加芝麻酱亦可，加牛乳亦可，微加一撮盐。无乳则加奶酥、奶皮亦可。

【释文】

把粗茶叶熬成汁， 再把炒面兑进去， 加芝麻酱也可以， 加牛奶也可以， 稍微加一点盐。 没有牛奶加奶酥、 奶皮也可以。

♨ 杏酪

◎ 三字经

捶杏仁　作成浆　滤去渣　拌米粉　加糖熬　味道好

【原文】

捶杏仁作浆，挍去渣，拌米粉，加糖熬之。

【释文】

把杏仁捶碎，加水成浆，滤去渣子，拌上米粉，加糖熬制。

♨ 粉衣

◎ 三字经

做粉衣　如面衣　其方法　加糖盐　盐糖量　取其便

【原文】

如作面衣之法。加糖、加盐俱可，取其便也。

【释文】

和做面衣的方法相同，加糖、加盐都可以。做粉衣，是因为它用起来很方便。

♨ 竹叶粽

◎ 三字经

取竹叶　裹糯米　蒸煮之　如初生　小菱角

【原文】

取竹叶裹白糯米煮之。尖小，如初生菱角。

【释文】

用竹叶裹上白糯米， 煮熟。 这种粽子又尖又小， 好像刚长出来的菱角。

♨ 萝卜汤圆

◎ 三字经

白萝卜	刨成丝	水煮熟	去臭气	稍微干	加葱酱
拌均匀	放粉团	中作馅	再上火	麻油煎	用汤滚
二吃法	随您便	春圃弟	方伯家	以此法	来制作
萝卜饼	扣儿会	换馅心	照此法	用韭菜	野鸡饼

【原文】

萝卜刨丝，滚熟去臭气，微干，加葱、酱拌之，放粉团中作馅，再用麻油灼之。汤滚亦可。春圃方伯家制萝卜饼，扣儿学会。可照此法作韭菜饼、野鸡饼试之。

【释文】

萝卜刨成丝， 水中滚熟除去臭气， 稍微晾干， 加葱、 酱调拌， 放在粉团里做成馅。 粉团用麻油炸一下， 或者在开水中滚熟也可以。 春圃方伯家做萝卜饼的方法， 扣儿已经学会。 可尝试着比照这个方法做韭菜饼、 野鸡饼。

♨ 水粉汤圆

◎ 三字经

以水粉	制汤圆	糯滑腻	非寻常	馅中用	大松仁
核桃仁	猪油糖	制成馅	或者用	瘦嫩肉	去筋丝

捶捣烂　加葱末　放秋油　作成馅　也可以　做水粉

以糯米　浸水中　一日夜　带水磨　用布盛　布底下

加柴灰　以去渣　取细粉　晒干用

【原文】

用水粉和作汤圆，滑腻异常。中用松仁、核桃、猪油、糖作馅；或嫩肉去筋丝捶烂，加葱末、秋油作馅亦可。作水粉法：以糯米浸水中一日夜，带水磨之，用布盛接，布下加灰，以去其渣，取细粉晒干用。

【释文】

把水粉和成汤圆，滑腻异常。中间用松仁、核桃、猪油、糖做成馅，或者把嫩肉去掉筋丝后捶烂，加上葱末、酱油做成馅也可以。做水粉的方法是：把糯米在水中浸一天一夜，带水用磨磨，用布袋盛接米浆，布下加灰，以滤去米渣。得到的细粉，晒干后就可以用了。

♨ 脂油糕

◎ 三字经

纯糯粉　拌脂油　置盘中　蒸熟了　碎冰糖　入粉中

蒸熟后　切成块

【原文】

用纯糯粉拌脂油，放盘中蒸熟，加冰糖捶碎，入粉中，蒸好用刀划开。

【释文】

用纯糯米粉拌上猪油，放在盘中蒸熟，粉中加入捶碎的冰糖，蒸好后用刀划开。

♨ 雪花糕

◎ 三字经

糯米饭　皆捣烂　芝麻屑　糖做馅　打成饼　切方块

【原文】

蒸糯饭捣烂，用芝麻屑加糖为馅，打成一饼，再切方块。

【释文】

蒸好的糯米饭再捣烂，把芝麻屑加糖做成馅加进去，搅打成饼，再切成方块。

♨ 软香糕

◎ 三字经

软香糕　在苏州　都林桥　为第一　其次是　虎丘糕
西施家　为第二　南京城　南门外　报恩寺　则第三

【原文】

软香糕，以苏州都林桥为第一。其次虎丘糕、西施家为第二。南京南门外报恩寺则第三矣。

【释文】

软香糕，以苏州都林桥做的为第一。虎丘糕、西施家为第二。南京南门外报恩寺只能排第三了。

♨ 百果糕

◎ 三字经

杭州城	北关外	所售者	质最佳	以粉糯	多松仁
小胡桃	无橙丁	为最妙	其甜处	非蜜糖	可久存
在家中	不能做

【原文】

杭州北关外卖者最佳。以粉糯，多松仁、胡桃，而不放橙丁者为妙。其甜处非蜜非糖，可暂可久，家中不能得其法。

【释文】

杭州北关外卖的百里糕最好吃，其中以米粉软糯、松仁多、胡桃多，并且不放橙丁的为好。那种甜味，非蜜非糖，放的时间，可暂可久，家中不能掌握它的做法。

♨ 栗糕

◎ 三字经

| 煮栗子 | 果极烂 | 以糯粉 | 加糖拌 | 蒸为糕 | 在上面 |
| 加瓜仁 | 和松子 | 此栗糕 | 重阳食 | 正应时 |

【原文】

煮栗极烂，以纯糯粉加糖为糕，蒸之，上加瓜仁、松子。此重阳小食也。

【释文】

把栗子煮到极烂， 用纯糯米粉加上糖做成糕， 蒸熟， 糕上面加上瓜仁、 松子。 这是重阳节时的小吃。

♨ 青糕、青团

◎ 三字经

捣麦青　草为汁　和糯粉　作粉团　色如碧　莹如玉

【原文】

捣青草为汁，和粉作粉团，色如碧玉。

【释文】

用青草捣成的汁和粉， 做成粉团， 颜色如同碧玉。

♨ 合欢饼

◎ 三字经

蒸糕饭　以木印　印成形　小珙璧　入铁架　烘烤之
微用油　方不粘

【原文】

蒸糕为饭，以木印印之，如小珙璧状，入铁架煤之。微用油，方不粘架。

【释文】

把蒸好的米饭做成糕， 用木印印成小珙璧的样子， 放在铁架子上烤干。 稍微抹点油， 糕就不会粘铁架子上。

♨ 鸡豆糕

◎ 三字经

芡实米　即鸡豆　豆研碎　用微粉　做成糕　置盘中
上笼蒸　片食用

【原文】

研碎鸡豆，用微粉为糕，放盘中蒸之。临食，用小刀片开。

【释文】

把鸡豆研碎， 加一点粉做成糕， 放在盘中蒸熟。 临吃时， 用小刀切开。

♨ 鸡豆粥

◎ 三字经

鸡豆粉　尽磨碎　熬成粥　鲜芡实　味最佳　如陈者
也可以　熬此粥　加山药　白茯苓

【原文】

磨碎鸡豆为粥，鲜者最佳，陈者亦可，加山药、茯苓尤妙。

249

【释文】

把鸡豆磨碎做成粥， 用鲜鸡豆最好， 陈的鸡豆也可以。 加上山药、 茯苓尤其好吃。

♨ 金团

◎ 三字经

| 杭州城 | 有金团 | 凿木模 | 为桃杏 | 元宝状 | 糕团粉 |
| 搦成团 | 入木印 | 便成功 | 其馅心 | 不拘泥 | 素与荤 |

【原文】

杭州金团，凿木为桃、杏、元宝之状，和粉搦成，入木印中便成。其馅不拘荤素。

【释文】

做杭州金团， 先得把木头雕成桃、 杏、 元宝形状的模子， 和好米粉， 用手压进模子里就可以了。 用馅不论荤素均可。

♨ 藕粉、百合粉

◎ 三字经

| 莲藕粉 | 自家磨 | 非自磨 | 信不真 | 百合粉 | 亦然也 |

【原文】

藕粉非自磨者，信之不真。百合粉亦然。

【释文】

藕粉如果不是自家磨的， 不能信为是真。 百合粉也是如此。

麻团

◎ 三字经

蒸糯米　　捣为面　　芝麻屑　　拌白糖　　作为馅　　成麻团

【原文】

蒸糯米捣烂为团，用芝麻屑拌糖作馅。

【释文】

糯米蒸好， 捣烂， 做成团， 用芝麻屑拌上糖作馅。

芋粉团

◎ 三字经

磨芋粉　　须晒干　　和米粉　　而用之　　朝天宫　　道士制　　芋粉团
野鸡馅　　味极佳

【原文】

磨芋粉晒干，和米粉用之。朝天宫道士制芋粉团，野鸡馅，极佳。

【释文】

磨好的芋粉晒干， 和米粉一起做成团。 朝天宫道士做的芋粉团， 以野鸡肉做
馅， 特别好。

♨ 熟藕

◎ 三字经

自家藕　灌入米　加糖煮　带藕汤　味极佳　外卖者
用灰水　色味变　不可食　袁枚喜　食嫩藕　虽软熟
可齿决　如老藕　煮成泥　便无味

【原文】

藕须贯米加糖自煮，并汤极佳。外卖者多用灰水，味变，不可食也。余性爱食嫩藕，虽软熟而以齿决，故味在也。如老藕一煮成泥，便无味矣。

【释文】

藕里面必须灌上米加上糖，自家煮熟，连汤都很好喝。外面卖的多是用灰水来煮，味道也变得不可吃。我天性爱吃嫩藕，虽然煮熟后很软，但仍然能用牙嚼，因而藕的原味还保留着。如果是老藕，一煮就成了泥，便没有味道了。

♨ 新栗、新菱

◎ 三字经

新出栗　烂煮之　有松子　果仁香　有厨人　不煨烂
故金陵　即有人　终一生　不知味　新菱角　也亦然
金陵人　老方食

【原文】

新出之栗，烂煮之，有松子仁香。厨人不肯煨烂，故金陵人有终身不知其味者。新菱亦然。金陵人待其老方食故也。

【释文】

　　新收获的栗子煮烂吃，有松子仁的香味。厨师不肯把栗子煨烂，因而南京有一辈子都不知道栗子味道的人。他们也不知道新收获的菱角的味道，是因为南京人都是等它老了才吃的缘故。

♨ 莲子

◎ 三字经

福建莲	虽然贵	却不如	湖南莲	容易煮	稍熟时
抽莲芯	去外皮	后下汤	用文火	慢煨之	闷住盖
不开视	不停火	两炷香	莲子熟		

【原文】

　　建莲虽贵，不如湖莲之易煮也。大概小熟，抽心去皮，后下汤，用文火煨之，闷住合盖，不可开视，不可停火。如此两炷香，则莲子熟时，不生骨矣。

【释文】

　　建莲虽然价钱很贵，却不如湖莲容易煮熟。大概上把莲子煮到有点熟，去掉莲心和外皮，然后下到开水里用文火煨熟。要盖好盖，中途不要打开看，火也不要停。这样煮两炷香工夫，则莲子熟时一点都不夹生。

♨ 芋

◎ 三字经

秋十月　天晴时　取芋子　晒极干　置草中　勿冻伤
春煮食　味甘甜　一般人　并不知

【原文】

十月天晴时，取芋子、芋头，晒之极干，放草中，勿使冻伤。春间煮食，有自然之甘。俗人不知。

【释文】

十月天晴之时，把芋子、芋头晒到特别干，放在草中，不要使它冻伤。春天里煮着吃，有自然的甘甜。一般人并不知道。

♨ 萧美人点心

◎ 三字经

杨仪真　南门外　萧美人　制点心　糕和饺　凡馒头
白如雪　小可爱

【原文】

仪真南门外，萧美人善制点心，凡馒头、糕、饺之类，小巧可爱，洁白如雪。

【释文】

仪真南门外，萧美人善于做点心，凡是馒头、糕点、饺子之类的食品，都做得小巧可爱，色白如雪。

刘方伯月饼

◎ 三字经

以山东	好飞面	作酥皮	松子仁	核桃仁	瓜子仁
为细末	加冰糖	和猪油	作成馅	不甚甜	香松柔
其月饼	异寻常				

【原文】

用山东飞面，作酥为皮，中用松仁、桃桃仁、瓜子仁为细末，微加冰糖和猪油作馅。食之，不觉甚甜，而香松柔腻，迥异寻常。

【释文】

用山东飞面做酥皮，中间用松仁、桃桃仁、瓜子仁的细末，稍微加一点冰糖和猪油做成的馅。吃起来不觉得很甜，而是香松柔腻，和平常所见的月饼大不一样。

陶方伯十景点心

◎ 三字经

陶方伯	老夫人	擅点心	十几种	用山东	飞面制
奇形状	五色纷	食之甘	人皆颂	萨制军	曾言道
汝食过	孔家厨	制薄饼	全天下	皆可废	汝品尝
陶方伯	景点心	而天下	皆可废	惜方伯	自亡后
此点心	曲终散	真遗憾	呜呼哉		

【原文】

每至年节，陶方伯夫人手制点心十种，皆山东飞面所为。奇形诡状，五色纷披。食之皆甘，令人应接不暇。萨制军云："吃孔方伯薄饼，而天下之薄饼可废，吃陶方伯十景点心，而天下之点心可废。"自陶方伯亡，而此点心亦成《广陵散》矣。呜呼！

【释文】

每到过年过节，陶方伯夫人都亲手制作点心十种，都用山东飞面做成。奇形怪状，五色缤纷。每一样都甘甜可口，令人应接不暇。萨制军说道："吃过孔方伯的薄饼，天下的其他薄饼都可以不吃了；吃过陶方伯的十景点心，天下的其他点心也都可以不吃了。"自从陶方伯去世后，他做的点心也成了曲调不传的《广陵散》，真是可惜啊！

♨ 杨中丞西洋饼

◎ 三字经

鸡蛋清	和飞面	作稠水	置碗中	打铜夹	剪一把
剪头上	作饼形	如碟大	上下面	合缝处	不一分
生烈火	烘铜夹	撩稠水	一糊一	夹一摸	顷成饼
如绵纸	白似雪	加冰糖	松仁屑		

【原文】

用鸡蛋清和飞面作稠水，放碗中。打铜夹剪一把，头上作饼，如碟大，上下两面，铜合缝处不到一分。生烈火烘铜夹，撩稠水，一糊一夹一熯，顷刻成饼。白如雪，明如绵纸。微加冰糖、松仁屑子。

【释文】

把鸡蛋清和飞面和成面糊放在碗中。 打制一把铜夹剪， 夹剪头作成饼的形状，跟碟子一样大， 上下两面合起来， 中间留出不到一分的空隙。 生上烈火烘烤铜夹，倒进面糊， 两面一夹， 放火上一烤， 顷刻之间就做成了一块饼。 饼白如雪， 明亮如绵纸。 稍微加点冰糖、 松仁碎末。

♨ 白云片

◎ 三字经

锅巴薄　 如绵纸　 以油炙　 微加糖　 金陵人　 制最精
此点号　 白云片

【原文】

南殊锅巴，薄如绵纸。如油炙之，微加白糖，上口极脆。金陵人制之最精，号"白云片"。

【释文】

白米锅巴， 薄得像绵纸一样。 如用油煎一下， 稍微加一点白糖， 上口很脆。南京人做得最精到， 称作"白云片"。

♨ 风枵

◎ 三字经

以白粉　 水浸透　 制小片　 入猪油　 灼煎烤　 起锅时
加糖糁　 薄如缕　 色如霜　 上口化　 杭州人　 称风枵

【原文】

以白粉浸透，制小片入猪油灼之。起锅加糖糁之，色白如霜，上口而化。杭人号曰"风枵"。

【释文】

把白粉发酵好，做成小块，放入猪油里炸。起锅时，在面上撒上白糖，色白如霜，入口即化。杭州人把这种食品叫做"风枵"。

♨ 三层玉带糕

◎ 三字经

纯糯粉　作成糕　分三层　一层粉　一层馅　猪油糖
再层粉　夹好蒸　蒸熟后　再切开　苏州人　制法也

【原文】

以纯糯粉作糕，分作三层；一层粉，一层猪油、白糖，夹好蒸之，蒸熟切开。苏州人法也。

【释文】

用纯糯米粉做糕，分成三层：一层粉，一层猪油和白糖，上面再用一层粉夹好，蒸熟后切开。这是苏州人的制作方法。

♨ 运司糕

◎ 三字经

卢雅雨	作运司	扬州店	作糕团	敬献之	卢食后
点首赞	从此后	运司糕	享美名	白如雪	点胭脂
若桃花	微加糖	来作馅	淡而美	衙门前	制最佳
其他店	糕粗劣				

【原文】

卢雅雨作运司，年已老矣。扬州店中作糕献之，大加称赏。从此，遂有"运丝糕"之名。色白如雪，点胭脂，红如桃花。微糖作馅，淡而弥旨。以运司衙门前店作为佳。他店粉粗色劣。

【释文】

卢雅雨佳运司的时候，年事已高。扬州的店铺做了一种糕点献给他，他食后大加称赏。从此，这种糕便有了"运司糕"的美名。运司糕色白如雪，点在面上的胭脂红如桃花。用一点糖做馅，味道虽淡却很深长。以运司衙门前店做的运司糕最好，其他店做的，则粉粗色劣。

♨ 沙糕

◎ 三字经

糯米粉	蒸成糕	中间夹	糖馅料	冰糖末	芝麻屑

【原文】

糯粉蒸糕，中夹芝麻、糖屑。

【释文】

把糯米粉蒸成糕， 中间夹上芝麻、 糖屑做的馅。

♨ 小馒头、小馄饨

◎ 三字经

做馒头	如胡桃	上蒸笼	熟而食	每箸子	夹一双
扬州府	酵最佳	手捺之	不盈寸	放松后	仍隆起
小馄饨	如龙眼	鸡汤煮	味道鲜		

【原文】

作馒头如胡桃大，就蒸笼食之。每箸可夹一双。扬州物也。扬州发酵最佳。手捺之不盈半寸，放松仍隆然而高。小馄饨小如龙眼，用鸡汤下之。

【释文】

把馒头做得跟胡桃一样大， 就着蒸笼吃， 每次下筷子可夹起一双来。 这是扬州点心的特色。 扬州人面发酵得最好， 手按下去还不到半寸， 松开手仍然隆高起来。小馄饨小得像龙眼， 下在鸡汤里面煮食。

♨ 雪蒸糕法

◎ 三字经

糯米粉	于二分	稻粳米	放八分	拌均匀	将细粉
置盘中	以凉水	细洒之	捏如团	撒开手	如散砂
先粗筛	筛出块	再捻碎	仍用筛	罗出粉	前后粉

掺均匀　　干湿适　　以巾覆　　切勿可　　风干燥　　存待用
在水中　　酌用量　　加洋糖　　更有味　　拌粉法　　与市中
枕儿糕　　方法同　　蒸糕物　　用锡圈　　及锡钱　　使用前
俱洗净　　以香油　　布蘸之　　来擦拭　　每蒸后　　必清洗
再擦拭　　锡围内　　将锡钱　　安置妥　　先装粉　　一小半
将果馅　　置当中　　再将粉　　装满圈　　轻抹平　　套场瓶
上盖之　　视盖口　　气直冲　　取出后　　需覆之　　先去圈
后去钱　　饰胭脂　　两个圈　　更换用　　宜洗净　　将一只
置汤中　　水未到　　以肩齐　　如多滚　　汤易干　　宜留心
多察看　　备热水　　频频添　　方为法

【原文】

　　每磨细粉，用糯米二分，粳米八分为则，一拌粉，将粉置盘中，用凉水细细洒之，以捏则如团、撒则如砂为度。将粗麻筛筛出，其剩下块搓碎，仍于筛上尽出之，前后和匀，使干湿不偏枯，以巾覆之，勿令风干日燥，听用（水中酌加上洋糖，则更有味。拌粉与市中枕儿糕法同）。一锡圈及锡钱，俱宜洗剔极净。临时，略将香油和水，布蘸拭之。每一蒸后，必一洗一拭。一锡圈内，将锡钱置妥，先松装粉一小半，将果馅轻置当中，后将粉松装满圈，轻轻挡平，套汤瓶上盖之，视盖口气直冲为度。取出覆之，先去圈，后去钱，饰以胭脂。两圈更递为用。一汤瓶宜洗净，置汤分寸以及肩为度。然多滚则汤易涸，宜留心看视，备热水频添。

【释文】

　　每次磨细粉，都要以糯米二分、粳米八分为原则。先说拌粉。拌粉时将粉放在盘中，用凉水一点点撒匀，拌到手捏则成团，撒开则如沙就好了。把拌好的粉用粗麻筛筛出，剩下的粉块搓碎，仍然用筛子筛出。直到全部筛尽，再把前后筛出的粉和匀，达到干湿适宜，然后用布巾盖上，不要让风吹日晒，等着用。如果水中酌量加上些白糖，就更有味。拌粉的方法与市面上枕儿糕的方法相同。再说锡圈和锡钱，都应当洗剔得特别干净。临用时，准备一点香油和水，用布蘸着擦一擦。每次蒸完后，一定要再洗一次擦一次。最后是把锡钱在锡圈内放妥当，先松松地装一小半粉，再把果馅轻轻放在当中，最后把粉松松地装满圈，轻轻抹平，锡圈一层套一层地放在热水锅上，盖好，以看到盖口的蒸汽直往上冲为度。蒸好后取出，倒过来，先去掉锡圈，后去掉锡钱，糕上画两圈胭脂作为装饰。锡圈锡钱可以轮换着用。把一只汤瓶洗净，放水的多少以到瓶肩为度。因为多次滚开锅里的水容易烧干，所以应当留心察看，同时备好热水不断添进锅里。

♨ 作酥饼法

◎ 三字经

冷脂油	用一碗	白开水	也一碗	先将油	同水搅
入生面	尽揉软	如薄饼	外边用	蒸熟面	入脂油
合一处	不要硬	然后将	面做团	核桃大	将熟面
亦作团	小一圈	熟面团	包裹在	生面内	擀长饼
长八寸	宽三寸	反复折	叠如碗	包上果	为心馅

【原文】

冷定脂油一碗，开水一碗，先将油同水搅匀，入生面，尽揉要软，如擀饼一样；外用蒸熟面入脂油，合作一处，不要硬了；然后将生面做团子，如核桃大，将熟面亦作团子，略小一晕；再将熟面团子包在生面团子中，擀成长饼，长可八寸，宽二三寸许，然后折叠如碗样，包上穰子。

【释文】

冷凝的脂油一碗，开水一碗。先用一部分油和开水搅匀，倒入生面里，多揉一会儿，要软，和擀饼一样；再把蒸熟的面加入脂油和在一起，不要硬了；然后把生面做成跟核桃一样大的团子， 把熟面也做成团子， 略小一圈； 再将熟面团子包在生面团子里， 擀成长饼， 长可八寸， 宽大约二三寸， 然后折叠成碗的样子， 包上馅料。

♨ 天然饼

◎ 三字经

泾阳州	张明府	天然饼	白飞面	加微糖	及脂油
和为酥	随意揪	摊成饼	如碗大	不拘样	方与圆
厚二分	用洁净	小石子	衬而烤	随其形	为凹凸
色半黄	便可起	质松软	美异常	或掬盐	味道咸

【原文】

泾阳张荷塘明府， 家制天然饼， 用上白飞面， 加微糖及脂油为酥， 随意搦成饼样， 如碗大， 不拘方圆， 厚二分许。 用洁净小鹅子石衬而煤之， 随其自为凹凸， 色半黄便起。 松美异常。 或用盐亦可。

【释文】

泾阳张荷塘明府家制作天然饼的方法是， 用上白的面粉加一点糖及脂油做成酥面。 用手随意压成饼样， 跟碗一样大， 不论方圆， 厚二分许。 把洁净的小鹅卵石衬在锅底， 把饼放在石子上烙， 让饼随着石子的高低而自然凹凸， 颜色半黄就可以出锅了。 这种饼特别酥松可口。 或者加盐也可以。

♨ 花边月饼

◎ 三字经

明府家	花边月	水平高	饼好吃	可比肩	刘方伯
枚尝以	花轿迎	其女厨	来园制	以飞面	拌猪油
团百次	用枣泥	嵌为馅	如碗大	以手搦	其四边
捏菱花	大火盆	用两个	上下覆	炙烤之	红枣子
不去皮	取其鲜	油不熬	取其生	此月饼	上口化
甘而甜	却不腻	松而软	却不散	其工夫	全在面
揉搓功	不可缺	油愈多	质愈妙		

【原文】

明府家制花边月饼，不在山东刘方伯之下。余尝以轿迎其女厨来园制造，看用飞面拌生猪油子团百搦，才用枣肉嵌入为馅，裁如碗大，以手搦其四边菱花样；用火盆两个，上下覆而炙之。枣不去皮，取其鲜也。油不先熬，取其生也。含之上口而化，甘而不腻，松而不滞，其工夫全在搦中，愈多愈妙。

【释文】

张明府家所做的花边月饼，水平不在山东刘方伯之下。我常常用轿子把他家的女厨接到我家里来做，看到她用精面粉拌上生猪油和面，来回揉捏，最后才把枣肉当馅包进面里，裁成碗一样大小，用手在四边捏出菱花样；准备两个火盆，上下相扣，把饼放在中间烤熟。枣不去皮，是为了保留它的鲜味。猪油不先熬熟，是为了保留它的生味。这种月饼入口即化，甜而不腻，松而不滞，全在于揉面的功夫，揉捏的次数越多越好吃。

♨ 制馒头法

◎ 三字经

新明府	大馒头	白如雪	面有光	枚以为	是北面
龙云言	非若是	他以为	面不分	南与北	罗极细
筛五次	自然白	不一定	用北面	做馒头	酵最难
刻意请	明府厨	教学后	终不如		

【原文】

偶食新明府馒头，白细如雪，面有银光，以为是北面之故。龙云不然，面不分南北，只要箩得极细。箩筛至五次，则自然白细，不必北面也。惟做酵最难。请其庖人来教，学之，卒不能松散。

【释文】

偶然吃到新明府家的馒头，白细如雪，面有银光，以为是用北方面粉的缘故。龙认为其实不然，面粉不分南北，只要罗得特别细即可。罗筛到五次，自然又白又细，不一定非要北方面粉。还是做酵子最难。请他家厨师来教，学了，但蒸出的馒头仍然不能做到又松又暄。

♨ 扬州洪府粽子

◎ 三字经

洪明府	制粽子	用糯米	细选择	长白者	去半颗
散碎者	淘极净	大箬叶	包裹之	中间放	一大块
好火腿	封锅闷	一日夜	柴不断	食之滑	腻温柔
肉与米	化一起	也可以	以火腿	皆斩碎	置米中

【原文】

洪府制粽，取顶高糯米，捡其完善长白者，去其半颗散碎者，淘之极熟，用大箬叶裹之，中放好火腿一大块；封锅闷煨一日一夜，柴薪不断。食之滑腻、温柔，肉与米化。或云：即用火腿肥者斩碎，散置米中。

【释文】

洪府做粽子，用的都是最好的糯米，选出整粒长白的，去掉半颗散碎的，再淘很多次，用大箬叶裹起来，中间放上一大块好火腿；装锅封好，焖煨一天一夜，中间不断柴薪。这种粽子吃起来滑腻温柔，肉与米完全融合在一起。也有一种说法，就是把肥火腿斩碎，搀和在米中之故。

饭粥单

粥饭本也，余菜末也。本立而道生。作「饭粥单」。

饮食本　粥与饭

其余菜　为末端

立足本　道生焉

故而作　饭粥单

♨ 饭

◎ 三字经

先说饭	王莽言	百肴将	乃是盐	子才曰	饭者先
百味本	第一篇	淘米净	才蒸饭	气浮浮	可盛碗
善煮者	饭不粘	上锅蒸	米依然	入口松	颗粒显
软香糯	为好饭	其诀四	仔细观	或香稻	或冬霜
或晚米	观音籼	桃花籼	米要春	净极熟	霉天风
摊开晒	不使惹	霉发疹	其二诀	要善淘	淘米时
不惜工	用手擦	使水从	过箩中	淘米水	竟成清
无米色	其诀三	善用火	先武火	后文火	闷得透
火得宜	四诀是	要相米	再放水	不能多	亦非少
不太湿	也不燥	滋润适	才得法	富人家	只讲菜
不讲饭	逐其末	忘其本	实不堪	袁子才	不喜欢
有恶习	汤泡饭	失饭本	少饭鲜	汤果佳	情宁愿
一口汤	一口饭	分前后	两周全	不得已	则用茶
知味者	如此办				

[原文]

王莽云："盐者，百肴之将。"余则曰："饭者，百味之本。"《诗》称："释之溲溲，蒸之浮浮。"是古人亦吃蒸饭。然终嫌米汁不在饭中。善煮饭者，虽煮如蒸，依旧颗粒分明，入口软糯。其诀有四：一要米好，或"香稻"，或"冬霜"，或"晚米"，或"观音籼"，或"桃花籼"，春之极熟，霉天风摊播之，不使惹霉发疹。一要善淘，淘米时不惜工夫，用手揉擦，使水从箩中淋出，竟成清水，无复米色。一要用火先武后文，闷起得宜。一要相米放水，不多不少，燥湿得宜。往往见富贵人家，讲菜不讲饭，逐末忘本，真为可笑。余不喜汤浇饭，恶失饭之本味故也。汤果佳，宁一口吃汤，一口吃饭，分前后食之，方两全其美。不得已，则用茶，用开水淘之，犹不夺饭之正味。饭之甘，在百味之上；知味者，遇好饭不必用菜。

【释文】

王莽说："盐是百肴的首领。" 我则说："饭是百味的根本。"《诗经》里说："释之溲溲，蒸之浮浮"。可见，古人也吃蒸饭，但我终究觉得蒸饭不好吃，因为米汁不在饭里。善于煮饭的人，虽然是煮，却跟蒸出来的饭一样，依旧颗粒分明，入口软糯。其诀窍有四条：一是要米好，或者是"香稻"，或者是"冬霜"，或者是"晚米"，或者是"观音籼"，或者是"桃花籼"，舂得极细，不带一点稻壳。阴雨天在风口摊开扬播，不要使米发霉变质。一要善于淘洗，淘米时要不惜工夫，用手揉擦，要使从箩中流出的淘米水一直变成清水，不带一点米色。一是要善于用火，先武后文，焖饭的时间和出锅的时机都很合适。一是要根据米的多少放水，不多不少，干湿得宜。往往见到富贵人家，讲究吃菜却不讲究吃饭，这才真是舍本逐末，很是可笑。我不喜欢汤浇饭，是嫌这种吃法失去了饭本来的味道。汤果真好喝，宁可一口喝汤，一口吃饭，分前后来吃，这才叫两全其美。不得已，就用茶或开水泡饭，这样就不会夺走饭的正味。饭的甘甜，在百味之上，知味的人，遇到好饭根本不必吃菜。

♨ 粥

◎ 三字经

聊完饭	再说粥	光见水	无缘由	不见米	难入喉
光见米	不是粥	好粥者	必使水	米融洽	若一体
柔软糯	腻如一	如此般	谓之粥	尹文瑞	曾明言
宁可让	人等粥	切莫让	粥等人	此名言	防停顿
粥变味	米汤干	鸭粥者	入荤腥	八宝粥	入果品
此类粥	失粥品	伏夏日	用绿豆	寒冬天	用黍米
以五谷	入五脏	某观察	宴简斋	诸菜可	粥饭穷
勉强咽	腹难容	回家去	堵在胸	如得病	直哼哼

【原文】

见水不见米，非粥也；见米不见水，非粥也。必使水米融洽，柔腻如一，而后谓之粥。尹文端公曰："宁人等粥，毋粥等人。"此真名言，防停顿而味变汤干故也。近有为鸭粥者，入以荤腥；为八宝粥者，入以果品。俱失粥之正味。不得已，则夏用绿豆，冬用黍米，以五谷入五谷，尚属不妨。余尝食于某观察家，诸菜尚可，可饭粥粗粝，勉强咽下，归而大病。尝戏语人曰："此是五脏神暴落难，是故自禁受不得。"

【释文】

只见水不见米，不是粥；只见米不见水，也不是粥。一定要使水和米互相融合，柔腻如一，这才叫做粥。尹文端先生说："宁可让人等粥熟，不要粥熟了等人吃。"这话真是至理名言啊！因为这样就可以防止因停放引起的味道变化和米汤干少。近来有做鸭粥的，把荤腥放到粥里；有做八宝粥的，把果品放到粥里。这都失去了粥的正味。不得已非要加点东西，那就夏天加绿豆，冬天加黍米，把五谷加到五谷里还算是不碍事。 我曾经在某观察家吃饭， 做的菜还可以， 可是饭粥粗糙， 我勉强咽下， 回家后就大病一场。 我经常和人家开玩笑说："这是五脏神突然落难， 感觉无法忍受的缘故。"

茶酒单

七碗生风，一杯
忘世，非饮用六
清不可。作『茶
酒单』。

七碗茶　腋生风

一杯酒　忘身世

膳六牲　饮六清

故而作　茶酒单

♨ 茶

◎ 三字经

治好茶	须辨水	至佳者	山中泉	江心次	井中差
如能储	雪化水	于瓮中	能藏之	袁子才	遍尝尽
天下茶	有乌龙	武夷岩	单丛种	岩谷韵	奇兰香
泉冲泡	色味全	有回甘	恍若仙	君不识	亦枉然
然江南	崇茗绿	喜龙井	须明前	首旗枪	次雀舌
又小叶	后大方	龙井绿	色青碧	虎跑水	泉冽甘
二者配	最悠然	冲泡饮	水莫沸	八成热	落开水
赏茶舞	嗅幽香	品甘露	皆所忘	储茗法	费思量
小纸包	每四两	放石灰	坛子藏	过十日	换灰瓢
上用纸	扎停当	扎不紧	味皆丧	白费劲	付汪洋

[原文]

　　欲治好茶，先藏好水。水求中泠、惠泉。人家中何能置驿而办？然天泉水、雪水，力能藏之。水新则味辣，陈则味甘。尝尽天下之茶，以武夷山顶所生，冲开白色者为第一。然入贡尚不能多，况民间乎？其次，莫如龙井。清明前者，号"莲心"，太觉味淡，以多用为妙。雨前最好，一旗一枪，绿如碧玉。收法须用小纸包，每包四两，放石灰坛中，过十日则换石灰，上用纸盖扎住，否则气出而色味全变矣。烹时用武火，用穿心罐，一滚便泡，滚久则水味变矣。停滚再泡，则叶浮矣。一泡便饮，用盖掩之，则味又变矣。此中消息，间不容发也。山西裴中丞尝谓人曰："余昨日过随园，才吃一杯好茶。"呜呼！公山西人也，能为此言。而我见士大夫生长杭州，一入宦场，便吃熬茶，其苦如药，其色如血。此不过肠肥脑满之人吃槟榔法也。俗矣！除吾乡龙井外，余以为可饮者，胪列于后。

【释文】

　　想冲泡出好茶，一定得先贮存好水。但如果都要求中泠、惠泉的水，平常人家中怎么可能设置驿站专门去取水？但是雨水、雪水一定都能收贮。水新则味辣，陈则味甘。我尝遍了天下的茶，认为要以武夷山顶出产的，冲开是白色的茶为第一。但这种茶进贡尚且不多，又何况民间！其次，就没有比龙井好的。清明前的龙井叫做"莲心"，感觉味道太淡，要多放一些才好。雨前龙井最好，一旗一枪，绿如碧玉。收存的方法是必须用小纸包，每包四两，放在石灰坛中，过十天换一次石灰，坛子上面用纸盖住扎紧，否则气跑出来，茶叶的颜色和味道就全变了。煮水时要用旺火，用穿心罐，一烧滚就泡茶，滚的时间长了水的味道就变了。停滚了再泡茶叶就会浮起来。茶一泡立刻就饮，用盖盖起来味道又变了，这当中的奥妙，一丝也不能改变呀。山西裴中丞曾经对人说："我昨天经过随园，才吃到了一杯好茶。"呜呼！裴公是山西人，却能说出这样的话，而我看到的却是，士大夫生长在杭州，一进入官场，便吃起了熬茶，其苦如药，其色如血。这不过是脑满肠肥的人吃槟榔的方法啊。太俗了！除过我家乡的龙井外，我以为可以饮用的茶，罗列在后面。

♨ 武夷茶

◎ 三字经

袁简斋	江南士	武夷岩	曾闻言	汤且浓	味过厚
如药饮	不堪受	丙午秋	游武夷	曼亭峰	天游寺
僧与道	争献茗	茶杯小	如胡桃	茶壶秀	如香橼
每斟起	无一两	茶上口	不忍咽	先嗅香	再试味
徐徐咽	轻轻品	体贴之	茶果然	香扑鼻	舌回甘
一杯后	再二盏	令人释	燥平矜	心旷怡	始觉绵
龙井绿	虽汤清	味寡淡	阳羡茶	质虽佳	气韵浅

颇似玉　如水般　品不同　故无言　唯武夷　非一般
且可做　再而三　然其味　从未减　心意足　神气显
悟此道　竟忘返

【原文】

余向不喜武夷茶，嫌其浓苦如饮药。然丙午秋，余游武夷到曼亭峰、天游寺诸处。僧道争以茶献。杯小如胡桃，壶小如香橼。每斟无一两。上口不忍遽咽，先嗅其香，再试其味，徐徐咀嚼而体贴之。果然清芬扑鼻，舌有余甘。一杯之后，再试一二杯，令人释躁平矜，怡情悦性。始觉龙井虽清而味薄矣；阳羡虽佳而韵逊矣。颇有玉与水晶，品格不同之故。故武夷享天下盛名，真乃不忝。且可以瀹至三次，而其味犹未尽。

【释文】

我一向不喜欢武夷茶，是嫌它茶味浓苦像喝汤药一样。但丙午年秋天，我游览武夷山，到曼亭峰、天游寺等地方。僧人道士争着献茶。他们用的杯子小如胡桃，茶壶小如香橼。每杯水不到一两。喝到嘴里使人不忍心马上咽下去，先闻一闻它的香，再试一试它的味，慢慢品尝体味，果然清芬扑鼻，舌有余甘。一杯之后，再喝一二杯，让人心情平和，性情怡悦。我这才觉得龙井虽然清雅，毕竟味道太薄，阳羡虽好，韵致却稍逊一筹。颇有点玉与水晶比较，品格不同的意思。所以武夷茶在天下享有盛名，真正是受之无愧。并且冲泡到三次，其茶味仍然没有泡尽。

♨ 龙井茶

◎ 三字经

杭州城　产好茶　最佳者　数龙井　袁子才　逢清明
扫祖冢　管坟人　送杯茶　茶水清　绿莹莹　明前茶
贵如金　味绝佳　寻常人　所不能

【原文】

　　杭州山茶，处处皆清，不过以龙井为最耳。每还乡上冢，见管坟人家送一杯茶，水清茶绿，富贵人所不能吃者也。

【释文】

　　杭州山上的茶，处处都很清香，不过以龙井为最罢了。我每次还乡扫墓，见到管坟人家送上来的一杯茶，都是水清茶绿，这是富贵人家吃不到的东西呀。

♨ 常州阳羡茶

◎ 三字经

阳羡茶　深碧色　形雀舌　如巨米　味较比　龙井浓

【原文】

阳羡茶，深碧色，形如雀舌，又如巨米。味较龙井略浓。

【释文】

阳羡茶呈深绿色，形如雀舌，又像特别大的米，味道较龙井略略浓一些。

♨ 洞庭君山茶

◎ 三字经

洞庭山　有银针　黄茶属　为至尊　其色味　不同伦
如针立　最销魂　量极少　品非凡　饮一啜　把喉润
方毓川　巡抚军　赠袁枚　此银针　果佳绝　意境深

【原文】

洞庭君山出茶，色味与龙井相同。叶微宽而绿过之。采掇最少。方毓川抚军曾惠两瓶，果然佳绝。后有送者，俱非真君山物矣。

【释文】

洞庭湖中间的君山也产茶，颜色味道与龙井相同，叶子微宽但比龙井绿。这种茶采摘的特别少。方毓川抚军曾经送给我两瓶，果然非常好。后来还有人送，但都不是真正的君山茶。

♨ 酒

◎ 三字经

袁子才	不胜酒	是天生	实不苟	每逢饮	皆摆手
但袁公	识酒情	今海内	饮绍兴	然沧酒	味之清
浔酒冽	川酒行	皆比肩	与绍兴	耆宿儒	老博成
酒亦然	陈最精	品美酒	开坛赢	以初启	第一名
温酒饮	热不及	味则凉	无法提	如太过	失神奇
味则老	近火离	酒味变	性亦迷	隔水炖	要牢记
谨塞盖	防酒气	不外出	更不溢	质才佳	无匹敌
可饮者	自古稀	列于后			

【原文】

余性不近酒，故律酒过严，转能深知酒味。今海内动行绍兴，然沧酒之清，浔酒之冽，川酒之鲜，岂在绍兴下哉！大概酒似耆老宿儒，越陈越贵，以初开坛者为佳，谚所谓"酒头茶脚"是也。炖法不及凉，太过则老，近火则味变，须隔水炖，而谨塞其出气处才佳。取可饮者，开列于后。

【释文】

我生性不亲近酒， 所以对酒的要求特别严格， 这反而使我能深知酒中的滋味。 现在社会上流行绍兴酒， 然而沧酒之清， 浔酒之洌， 川酒之鲜， 难道在绍兴酒之下！ 大抵酒就像德高望重的耆老宿儒， 越老越珍贵， 并且以刚开坛的酒为佳， 谚语所谓的 "酒头茶脚" 就是这个意思。 温酒不到位就会发凉， 温得太过就老了， 靠近火则味道就变了。 所以必须隔水温， 并且要把出气的地方塞严实才可以。 这里选几种可饮的酒， 开列在后面。

♨ 金坛于酒

◎ 三字经

于文襄	有家酿	分甜涩	酒两样	以涩者	质最强
清彻骨	色吉祥	其味醇	似琼浆	既清洌	又明亮
人所爱	难相让	一再饮	不能忘		

【原文】

于文襄公家所造， 有甜、涩二种， 以涩者为佳。一清彻骨。色如松花。其味略似绍兴， 而清洌过之。

【释文】

于文襄公家所酿之酒， 有甜的和涩的两种， 以味涩的为佳。 清彻入骨， 颜色像松花， 味道有点像绍兴酒， 但比绍兴酒更清洌。

♨ 德州卢酒

◎ 三字经

转运史　卢雅雨　家中酿　名不举　观酒色　如处女
味醇厚　实不需

【原文】

卢雅雨转运家所造，色如于酒，而味略厚。

【释文】

卢雅雨转运家所造， 颜色像于酒， 但味道更醇厚一些。

♨ 四川郫筒酒

◎ 三字经

郫筒酒　清洌彻　饮之味　如梨蔗　酒甘甜　人欢乐
仔细品　味独特　从四川　远程来　鲜能有　味不改
曾七饮　袁简斋　惟刺史　上木排　所携者　郫酒白
觥筹错　喜心怀　皆称颂　实不歹　独一品　名气乖

【原文】

郫筒酒，清洌彻底，饮之如梨汁蔗浆，不知其为酒也。但从四川万里
而来，鲜有不味变者。余七饮郫筒，惟杨笠湖刺史木簰上所带为佳。

【释文】

郫筒酒， 非常清洌， 饮之如同梨汁蔗浆， 不觉得是饮酒。 但这种酒从万里外
的四川运来， 很少有不变味的。 我七次饮郫筒酒， 只有杨笠湖刺史通过木排带来的

最好。

♨ 绍兴酒

◎ 三字经

绍兴酒	如清官	似廉吏	方正端	不掺杂	无繁乱
味醇真	金不换	如名士	老耆冠	长人间	阅世宽
其质厚	难比肩	故绍酒	需五年		

【原文】

绍兴酒，如清官廉吏，不参一毫假，而其味方真。又如名士耆英，长留人间，阅尽世故，而其质愈厚。故绍兴酒不过五年者不可饮；参水者亦不能过五年，余常称绍兴酒为名士，烧酒为光棍。

【释文】

绍兴酒，如同清官廉吏，因为丝毫不掺假，它的味道才那么真醇；又像那些德高望重的名士，年高寿长，阅尽世故，其品质也因而愈加醇厚。因此绍兴酒存放不够五年的，不能饮；搀水的绍兴酒存放不了五年。我常说这样的绍兴酒就是名士，而那些烧酒就是光棍。

♨ 湖州南浔酒

◎ 三字经

| 浙湖州 | 南浔酒 | 品其味 | 实难求 | 清而辣 | 润似油 |
| 过三年 | 方入口 | | | | |

【原文】

湖州南浔酒，味似绍兴，而清辣过之。亦以过三年者为佳。

【释文】

　　湖州的南浔酒，味道和绍兴酒相似，但比绍兴酒更清辣。也以存放超过三年的
为好酒。

♨ 常州兰陵酒

◎ 三字经

兰陵酒	乃琼浆	玉碗盛	琥珀光	袁简斋	去品尝
刘文定	奉私藏	公饮酒	八年酿	老陈酒	透鼻香
然酒味	太浓强	不复有	实难忘	清远意	宜兴良
蜀山酒	亦相当	无锡酒	二泉酿	本佳品	弃市旁
粗滥制	无模样	殊可惜	美名丧		

【原文】

　　唐诗有"兰陵美酒郁金香，玉碗盛来琥珀光"之句。余过常州，相国
刘文定公饮以八年陈酒，果有琥珀之光。然味太浓厚，不复有清远之意
矣。宜兴有蜀山酒，亦复相似。至于无锡酒，用天下第二泉所作，本是佳
品，而被市井人苟且为之，遂至浇淳散朴，殊可惜也。据云有佳者，恰未
曾饮过。

【释文】

　　唐诗有"兰陵美酒郁金香，玉碗盛来琥珀光"的句子。我经过常州时，相国
刘文定先生请我喝八年的陈酒，果然有琥珀之光。但味道太过浓厚，不再有清远悠
长之意味。宜兴有蜀山酒，也很相似。至于无锡酒，用天下第二泉酿造的，本来

是好酒， 而被生意人草率做成， 致使味道淡薄质朴散失， 真是可惜。 据说有好
的， 但我未曾饮过。

♨ 溧阳乌饭酒

◎ 三字经

乌饭酒	袁不喜	丙戌年	溧水及	叶比部	施善意
乌饭饮	十六七	醇香味	具称奇	闻室外	有人戏
众皆骇	看端的	袁子才	醉如泥	未忍释	眼迷离
此乌饭	甚稀奇	其色黑	甘似饴	难言妙	无能语
在溧阳	有俗礼	生一女	酒必须	精酿造	候及笄
俟嫁女	饮酒齐	酒粘唇	香扑鼻	味浓醇	无能及

【原文】

余素不饮。丙戌年，在溧水叶比部家，饮乌饭酒至十六杯，傍人大
骇，来相劝止。而余犹颓然，未忍释手。其色黑，其味甘鲜，口不能言其
妙。据云溧水风俗，生一女，必造酒一坛，以青精饭为之。俟嫁此女，才
饮此酒。以故极早亦须十五六年。打瓮时只剩半坛，质能胶口，香闻室
外。

【释文】

我平素不饮酒， 但丙戌年在溧水叶比部家， 饮乌饭酒， 竟然喝到十六杯， 旁
边的人感到很吃惊， 劝我不要再饮。 而我还觉得没有尽兴， 舍不得罢手。 这种
酒， 颜色黑， 味道甘鲜， 简直不能说出它的妙处。 据说， 溧水有一个风俗， 生
一个女儿一定要酿一坛酒， 用青精饭来酿。 等到嫁这个女儿时才饮这坛酒， 所以时
间最短也得十五六年。 打开时只剩下半坛， 甜得能粘住人的嘴， 香味屋子外面就能
闻到。

♨ 苏州陈三白酒

◎ 三字经

清乾隆	三十年	袁饮酒	姑苏园	周慕庵	家藏酒
味醇新	似春柳	斟杯满	溢不流	酒瘾兴	不停口
是何酿	成不朽	主人回	三白酒	简斋爱	夸不赖
差人送	一坛来				

【原文】

乾隆三十年，余饮于苏州周慕庵家。酒味鲜美，上口粘唇，在杯满而不溢。饮至十四杯，而不知是何酒。问之，主人曰："陈十余年之三白酒也。"因余爱之，次日再送一坛来，则全然不是矣。甚矣！世间尤物之难多得也。按郑康成《周官》注盎齐云："盎者翁翁然，如今酂白。"疑即此酒。

【释文】

乾隆三十年，我曾在苏州周慕庵家饮酒。酒味鲜美，上口粘唇，倒在杯中满而不溢，饮到十四杯，我还不知道是什么酒。问主人，主人说："这是放了十多年的三白酒。"因为我喜欢，第二天再送来一坛，却全然不是那个味道了。唉，世间的好东西都不容易多得啊！按郑康成《周官》注"盎齐"时说："盎者翁翁然，如今酂白。"我怀疑说的就是这种酒。

♨ 金华酒

◎ 三字经

金华酿　酒之清　无绍兴　酒涩凝　有女贞　甜入情
陈者佳　盖好评

【原文】

金华酒，有绍兴之清，无其涩；有女贞之甜，无其俗。亦以陈者为佳。盖金华一路水清之故也。

【释文】

金华酒，有绍兴酒的清醇却没有它的干涩；有女贞酒的甜甘却没有它的俗气。也是以陈的为好酒。能有这样的品质，大概是因为金华一带水质清洌的缘故。

♨ 山西汾酒

◎ 三字经

山西产	老白汾	烧酒中	为独尊	子才谓	烧酒魂
山东酒	高粱烧	排第二	酒中骄	藏十年	味转好
观酒色	实在俏	味甘甜	喝个饱	袁尝见	童二树
家泡酒	有秘术	酒十斤	加枸杞	有四两	黑苍术
亦二两	巴戟天	放一两	坛封口	布扎上	泡一月
开瓮时	味甚香	如佐配	烧猪头	烤羊尾	跳神肉
非此酒	不能及	此外如	苏州府	女贞酒	福贞酒
元燥酒	宣州府	之豆酒	通州产	枣儿红	相比较
不入流	至不堪	古扬州	木瓜酒	方入口	早已呕

[原文]

既吃烧酒，以狠为佳。汾酒乃烧酒之至狠者。余谓烧酒者，人中之光棍，县中之酷吏也。打擂台，非光棍不可；除盗贼，非酷吏不可；驱风寒、消积滞，非烧酒不可。汾酒之下，山东膏粱烧次之，能藏至十年，则酒色变绿，上口转甜，亦犹光棍做久，便无火气，殊可交也。尝见童二树家，泡烧酒十斤，用枸杞四两、苍术二两、巴戟天一两，布扎一月，开瓮甚香。如吃猪头、羊尾、"跳神肉"之类，非烧酒不可。亦各有所宜也。

[释文]

既然喝烧酒，就要以酒劲大的为好酒。汾酒就是烧酒里酒劲最大的。我认为，烧酒，是人中的光棍，县衙里的酷吏。打擂台非光棍不可；除盗贼，非酷吏不可；驱风寒、消积滞，非烧酒不可。汾酒之下，要数山东膏粱烧，但如果能藏到十年，则酒色变绿，上口转甜，就好像光棍做得时间长了，便没有了火气，真正可以结交了。我曾见童二树家，泡烧酒十斤，用枸杞四两、苍术二两、巴戟天一两，用布扎一个月，打开瓮，很香。如果吃猪头、羊尾、跳神肉之类食品，非烧酒不可。这也是各有所宜呀。

跋

　　"随园" 乃清中叶著名文人袁枚的自宅园林， 袁枚为文自成一家，与纪晓岚并称"南袁北纪"， 四十岁致仕后即归隐南京小仓山随园。

　　袁枚也是位美食家，《随园食单》 是袁枚四十余年美食品鉴的记录。在《随园食单》 序中， 袁枚写道："每食于某氏而饱， 必使家厨往彼灶觚， 执弟子之礼。 四十年来， 颇集众美， 有学就者、 有十分中得六七者、 有仅得二三者、 亦有竟失传者。 余都问其方略， 集而存之， 虽不甚省记， 亦载某家某味， 以志景行。"

　　这本描述乾隆年间江浙地区饮食与烹饪技术的笔记， 详细记述了他所品尝的三百多种菜肴饭点， 是一部非常重要的清代饮食名著。

　　白常继早期钻研豆腐烹调， 以"京城豆腐白"之号闻名北京。 2005年张文彦先生发起成立"随园食单研究会"， 邀请了三十几位烹饪大师、专家学者， 历时一年半， 将《随园食单》 遂字推敲， 并试作复原， 白常继亦在其中， 由此与《随园食单》 结缘， 并深入研究。

　　要从文人所著的饮食笔记中复原当时菜肴， 是件相当困难的工作，因为文人毕竟不是厨师， 笔记小说也不是食谱。《随园食单》 虽然记载得比其他饮食笔记详细， 仍然不足以作为烹调指南， 尤其许多食材、 调味料不仅名称古今有异， 甚至今日已无迹可寻。 这些都需要极有耐心考证、 寻找， 再遵循烹调原理逐步复原。

　　白常继先生除钻研烹调之外， 尚且笔耕不辍， 继《随园菜》 出版之后， 更发巧思， 将《随园食单》 改以简单易懂的"三字经" 文体呈现。 文字浅显、 理路清晰。 此《随园食单三字经》 的出版亦可谓 2017年中国厨坛盛事之一， 于传统文化的传承别有建树。

　　谨以此文记之， 是为跋。

                                          面痴　高文麒
                                          2017 年 3 月

结语：
随园随缘遂愿，袁枚圆寐园没

　　袁枚是将中华民族饮食文化推向巅峰的巨人，不仅在文学、思想等领域彪炳史册、光鉴于后世，而且对中华民族饮食文化的贡献也是无与伦比的"千古一人"。他不光擅长诗词，而且对烹饪很在行，爱吃又会吃。袁枚集四十余年的美食体验，铸就了一部《随园食单》。"须知单"与"戒单"互为表里，山珍海味、羽畜杂牲覆盖全面，小菜粥饭、香茗玉液首尾呼应，详细记录了流行在康乾盛世时期的 326 种菜肴和点心。《随园食单》是我国一部非常重要的饮食名著，于 1792 年（乾隆 57 年）出版，是一本被翻印最多的饕餮美食圣经。

　　《随园食单》一书深邃透彻，虽时隔近三百年，但其影响不能不使后人为之倾倒。就其学术价值而言，《随园食单》可以说前无古人、后无来者，今人更是无法超越。其中的许多观点和认知，直到现在，都值得我们进行深入研究、学习和广泛借鉴。

　　在丰富多彩的中国饮食文化中，随园菜与孔府菜、谭家菜并称三大官府菜。三家菜各具特色，随园菜谓之雅，孔府菜谓之儒，谭家菜谓之华。随园菜，是以《随园食单》记载菜肴为版本制成的，它以江南风味为主，博采各流派之所长，形成独特风味。注重摄食养生，选料严格、刀工精细，讲究制汤、五味调和，洁净少油、色形典雅。虽奢华却不暴殄天珍，虽精致却不矫揉造作，虽讲究却不落俗套，是我国灿烂的饮食文化典型代表及翘楚之作。

最早知道《随园食单》，是从我的受业恩师高国禄先生那里得来的。上世纪 80 年代改革开放初期，百废俱兴，《随园食单》在全社会也得到了极大的重视。北京、杭州、福建、上海、河南、四川、南京等地，都在按照《随园食单》所述，研究和仿制"随园菜"，其中的最卓有成效者，当属南京"金陵饭店"的薛文龙大师。1984 年薛大师在香港世界贸易中心将随园菜首次带入大雅之堂，重现江湖。1990 年薛大师亦来北京国都大酒店领衔掌勺，艺惊四座，使随园菜名振京城。

在北京，1983 年由艾广富、马宝兴、冯恩援（现为中国烹饪协会副会长）、高国禄等一大批烹饪大师和专家学者，组织成立了"北京市西城区烹饪协会"。艾广富大师是首任副会长兼秘书长，当时协会内部有个分工，其中一项就是专门研制"古典名著"当中的精品菜肴。比如由"来今雨轩"的孙大力大师负责研制"红楼菜"，由我的恩师高国禄大师负责研制"随园菜"。

恩师高国禄（1930 年 7 月 — 2001 年 12 月），北京人，师承"北京饭店四大名厨"之一的王兰先生（王兰是中国解放初期四大名厨之一，其他三位是范俊康、罗国荣、陈胜）。高国禄是我国第一批技师，德高望重，他从上世纪 70 年代后任北京南菜组考评委组长，被誉为淮扬菜泰斗。高国禄所在的工作单位，就是享誉老北京的"八大春"之首、以制作"江苏风味"著称于世的"同春园饭庄"。高师傅当年为了深入地研究《随园食单》，亲自到南京等地考察交流。高国禄原本就擅长江苏镇江菜、金陵菜，其丰富的实践经验为"食单"的再现打下了坚实的基础。他制作《随园食单》中记录的菜品，更是得心应手。恩师去世以后，为了完成恩师未竟的事业和毕生的夙愿，笔者一直在探索研究，曾专程自费到南京随园故地，以及《随园食单》中所提到的一些珍贵食材产地，进行实地考察和调研。

2005 年，由国际饮食养生研究会张文彦会长，发起并成立了随园食单研究会。当时邀请了周秀来、张铁元、李正龙、王文桥、曾凤茹、冯志伟、 袁树堂等三十九位烹饪大师和专家学者， 我有幸参与研制， 历时一年半， 将《随园食单》 遂字遂段地推敲解读， 并将《随园食单》所载菜品逐一试制。 诸位大师、 学者轮流抽出宝贵时间出席这一盛举，而我则是每场不落， 并记录了大量的笔记和心得体会。 2007 年 2 月，随园食单研究会出版了《再现随园食单》， 此书将《随园食单》 所载菜品， 全部仿制、 拍照、 再现。 本人有幸全程参与了这部书中所有菜品的制作。

2008 年， 我在《中国烹饪》 杂志上开辟了"随园那些菜" 的个人专栏， 以每月一期的形式， 连载了我多年研究、 制作"随园菜" 的心得体会。 后来在孙春明老师的帮助下， 由北京铭凯玉兴餐饮管理有限公司王洪彬先生策划， 于 2010 年出版了《白话随园食单》 一书。 此书出版后反响强烈， 广受读者欢迎， 多次再版发行。

2013 年 7 月，"随园菜" 在北京市东城区申遗成功， 由此我正式成为"随园菜" 制作技艺非物质文化遗产传承人； 翌年在石家庄创办"随园小筑"， 旨在"昔日王谢堂前燕、 飞入寻常百姓家"。"随园菜" 最大的特点是可高可低， 也正因如此， 借"随园小筑"， 使随园菜走上了百姓餐桌。

2015 年年初， 我在今日头条开设专栏《随园食话》。 同年担任中国食养研究院随园食单研究中心高级技术指导， 参与挖掘、 继承、 整理，以弘扬随园文化， 使随园菜真正从书本上走下来， 进入百姓生活中。

2016 年 3 月 25 日袁枚诞辰 300 周年， 为表达对袁枚老先生的敬慕之情， 送上一份真诚的生日贺礼， 中国商业出版社又特地推出拙作《随园菜》 一书。 同年， 南京市政府邀请中国美术馆馆长、 中国美术家协会副主席、 中国城市雕塑家协会主席吴为山先生为袁枚塑像， 11 月 12 日袁枚雕像在随园遗址举行落成仪式。

2017 年 3 月， 在中国食养研究院随园食单研究中心南京五季随园开园之际， 为纪念袁枚， 弘扬随园文化， 决定将《随园食单》 改编为《随园食单三字经》 公开出版， 使之朗朗上口， 便于记忆， 宜于传播。此举首开"三字经"解读《随园食单》之先河，为弘扬随园文化又添异彩。

在《随园食单三字经》完稿之际，不禁心潮澎湃。新中国成立后我国有三次文化大复兴，第一次是 20 世纪 50 年代，百花齐放、百家争鸣；第二次是 80 年代，百废俱兴；第三次就是当下中华民族伟大复兴的"中国梦"。习近平主席高瞻远瞩地提出了"文化强国"的大战略，一个国家、一个民族的强盛，总是以文化兴盛为支撑的。没有文明的继承和发展，没有文化的弘扬和繁荣，就没有"中国梦"的实现。我是 1956 年生人，对第一次虽有印象但形不成记忆，今生有幸赶上了文化复兴"中国梦"，才有《随园食单三字经》的出版。当然，虽此书为笔者拙作，但并非吾一人之功。

在此首先要感谢我的良师益友张文彦先生，感谢著名书法家王文桥先生赐题书名；感谢姜昆、姜俊贤、周秀来先生题词；感谢高文麒先生题跋；感谢冯建华先生撰写《随园食单赋》；感谢冯建华、周秀来先生对本书文稿进行润饰；感谢杨鑫先生，感谢"南北一家餐饮有限公司"总经理董晓辉先生；感谢"随园京味楼"孙鹏先生，感谢南京"五季随园"倪兆利先生和全体员工的支持。最后感谢"北京顺来福酒店餐饮管理公司"姜爱军先生的鼎力支持，以及所有对本书提供各种帮助的朋友们，致以最为诚挚的谢意！

由于本人水平有限，书中难免有挂一漏万、引据不周、错解食单、疏漏不足之处，还望诸公笑阅斧正，常继虚心受教。

白常继

二〇一七年三月二十五日

于南京汉中门

《白话随园食单》简介

- 出版社： 中国商业出版社
- ISBN： 9787504471413
- 版次： 1
- 商品编码： 10560499
- 包装： 平装
- 开本： 16
- 出版时间： 2011-01-01
- 用纸： 胶版纸

易中天品《三国》， 说《论语》 有于丹， 咱厨师中能不能有这等人物？ 有。 北京南北一家餐饮有限公司行政总厨白常继白师傅， 就给大家说一说中国烹饪史上的精华《随园食单》。 白常继所著的这本《白话随园食单》， 除了亦庄亦谐之外， 还特别在意烹饪原料和烹调方法。

《随园菜》 简介

- 出版社： 中国商业出版社
- ISBN： 9787504493354
- 版次： 1
- 商品编码： 11907046
- 包装： 平装
- 开本： 16
- 出版时间： 2016-03-01
- 用纸： 铜版纸

袁枚先生生于 1716 年。 2016 年， 在袁枚先生诞辰三百周年之际，"随园菜" 非物质文化遗产传承人白常继先生又隆重推出《随园菜》 一书。 在这本书中， 白常继先生按《随园食单》 海鲜单、 江鲜单等顺序， 精选《随园食单》 代表菜品， 并逐一进行深入探讨和点评， 独创性地再现了"随园菜" 的精髓。